Martina Balzer

Frischfütterung

Mein Hund gesund durch
Frischfütterung

Martina Balzer

Impressum

Einbandgestaltung: Sven Rauert

Titelfotos: Hund: ©Mikko Pitkänen_Fotolia.de. Einklinker: oben:
©Tomboy2290_Fotolia.de, Mitte: ©Birgit Reitz-Hofmann_Fotolia.de,
unten: ©Tein_Fotolia.de, Futterschüssel: Martina Balzer

Bild auf der Umschlagrückseite: Martina Balzer

ISBN 978-3-275-01711-9

Copyright © 2009 by Müller Rüschlikon Verlag
Postfach 103743, 70032 Stuttgart
Ein Unternehmen der Paul Pietsch Verlage GmbH & Co
Lizenznehmer der Bucheli Verlags AG, Baarerstr. 43, CH-6304 Zug

1. Auflage 2009

Sie finden uns im Internet unter www.mueller-rueschlikon-verlag.de

Lektorat: Claudia König, PK
Innengestaltung: Anita Ament
Druck und Bindung: Conzella, 85609 Aschheim-Dornach
Printed in Germany

Inhalt

Vorwort

Im Jahr 2003 betrat ich das Neuland »Hundehaltung«, ich nahm Gracy, unsere erste Hündin, als Welpe zu mir. Für mich war alles fremd und neu. Das Erleben des neuen Familienmitgliedes, ihre Erziehung und Gesunderhaltung, die Kommunikation zwischen Mensch und Hund, all das musste nun erlernt werden.
Der hohe Stellenwert einer optimalen Ernährung war mir damals bereits bewusst. Schon bevor Gracy bei uns einzog, hatte ich mich nach vielen Informationen zu einer gesunden Hundeernährung umgesehen, um gewappnet zu sein. Meine Hauptinformationsquellen waren das Internet und andere Hundehalter.
Wenn ich heute darüber nachdenke, was mir alles empfohlen wurde, stelle ich fest, dass es weniger unterschiedliche Arten der Fütterung waren, als vielmehr die verschiedensten Trockenfuttersorten. Dass es noch andere Methoden der Ernährung gibt, war mir damals nicht bewusst, bzw. es wurde nicht darüber gesprochen.
Somit habe ich die Verantwortung der Ernährung in die Hände der Trockenfuttermittelhersteller gelegt. Ich hatte schließlich einen heranwachsenden Welpen und wollte alles richtig machen.

So nahm es seinen Lauf: Gracy und ich gingen in die Hundeschule, lernten zu kommunizieren, wurden ein Team. Doch die Gesunderhaltung wollte einfach nicht richtig klappen. Ständig hatte sie Infektionen, Erbrechen und Durchfall. Nachdem sie im Alter von sechs Monaten zum wiederholten Male in der Tierklinik an den Tropf musste, wurde mir ein Trockenfutter für magen-/darm-sensible Hunde als lebenslange Fütterung vorgeschlagen.
Ich wusste sofort, dass das ein großes Problem werden würde, denn Gracy verweigerte jegliches Trockenfutter. Den Zusammenhang zwischen der Futterverweigerung meines Hundes und dessen Gesundheitsproblemen sah ich damals noch nicht.

Zeitgleich passierte allerdings etwas, was nicht nur für mich zum Wendepunkt meines Lebens werden sollte. Das wusste ich zu dem Zeitpunkt allerdings noch nicht.
Mein Schlüsselerlebnis entsprang einem Diebstahl: Gracy nahm sich Fleisch, welches in einer Seihe zum Auftauen lag. So etwas hatte sie vorher noch nie getan.
Ich war erschrocken und zornig zugleich, da sich unser Sonntagsbraten im empfindlichen Magen meines Hundes befand. Zwar hatte ich bereits öfter im Internet etwas über Rohernährung gelesen, traute mich aber nie wirklich selber daran.
Es war sensationell, wie Gracy das rohe Fleisch vertragen hatte. Zum ersten Mal war die Verdauung optimal.
Damit war der Grundstein gelegt. Ich habe den Zusammenhang zwischen Gesundheit und Ernährung erkannt, Gracy hatte ihn mir gezeigt.

Fortan habe ich mich in die Materie der Frischfütterung eingearbeitet und konnte am lebenden Exemplar mitverfolgen, welche positiven Veränderungen diese Art der Fütterung mit sich bringt.

Gracy hatte mit ihren 6 Monaten endlich keine Probleme mehr mit Infektionen. Erbrechen und Durchfall gab es auch so gut wie gar nicht mehr. Sie war topfit und hat täglich mit großer Begeisterung gefressen.

Als sie 1½ Jahre alt war, kam unser Rüde Mikel als 4-Jähriger zu uns. Sein Gesundheitszustand war mehr schlecht als recht, und auch ihn habe ich auf Frischfutter umgestellt. Es traten bei ihm deutliche gesundheitliche Verbesserungen ein, und unser Tierarzt meinte damals:
»Daraus müssen Sie einfach mehr machen. Vielen Hunden könnte durch diese Art der Ernährung geholfen werden.«

Ich habe meinen ursprünglichen Beruf aufgegeben und mich auf meine zukünftige, verantwortungsvolle Aufgabe als Ernährungsberaterin für den Hund konzentriert. Neben dem intensiven Studium habe ich zusätzlich nach und nach mein Geschäft für Naturprodukte erweitert und wurde 2006 für meine Umsetzung der Beratung/Betreuung als »Existenzgründer NRW des Monats August« ausgezeichnet. 2008 habe ich mich als »Ernährungsberaterin Fachrichtung Hund« zertifizieren lassen.

Da ich durch meine langjährige Betreuungsarbeit und durch die Erstellung von Ernährungsplänen vielschichtige Kontakte zu Hundehaltern, Züchtern und Hundetrainern habe, bemerke ich, dass es bei den meisten Menschen immer noch viel Unsicherheit und Verwirrung in Bezug auf die Ernährung des Hundes gibt. So wuchs in mir die Idee, ein Buch zu schreiben, welches für den Laien einen leicht verständlichen und nachvollziehbaren Ratgeber darstellen soll.

Ich nenne die Art »meiner« Ernährung »Philosophie der Frischfütterung«:
»Philosophie ist die Wissenschaft, über die man nicht reden kann, ohne sie selbst zu betreiben.« Carl Friedrich von Weizsäcker

Martina Balzer
Juni 2009

www.gracyland-
hundeoase.de

Einleitung

Im Leben eines Hundes spielt die Ernährung natürlich eine genauso bedeutende Rolle, wie in dem eines jeden anderen Lebewesens auch.

Es gibt aber leider keine Ernährungsregeln und Ernährungsformen, die der Individualität eines jeden Geschöpfes gerecht werden. Der Grund hierfür liegt in der unterschiedlichen Erbstruktur. Ob ein Nahrungsmittel bekömmlich ist oder nicht, hängt wesentlich von der Fähigkeit des Körpers ab, dieses Nahrungsmittel so aufzubereiten, dass es aufgeschlossen, verändert und verarbeitet werden kann.

Ich möchte Ihnen mit meinem Buch die große Bedeutung der artgerechten Ernährung des Hundes näher bringen, sei es als Hilfestellung für all jene, die sich hierüber informieren wollen oder bereits frisch füttern und unsicher in der Rationsgestaltung sind, oder für diejenigen Hundehalter, die ihrem Hund derzeit Trockenfutter anbieten, aber die Umstellung auf Frischfutter in Erwägung ziehen.

Die Ernährung wird aus verschiedenen Blickwinkeln betrachtet.

Aus menschlicher Sicht: Die Hundeernährung soll gesund, abwechslungsreich, schmackhaft, bedarfsgerecht, praktisch, bezahlbar und hygienisch sein. Gemäß unserer Fastfood-Gesellschaft bemerke ich außerdem auch häufig den Wunsch nach Zeitersparnis.

Aus Sicht des Vierbeiners: Er möchte nur fressen, wie es seinem Naturell entspricht: natürlich und artgerecht. Ihm ist es dabei egal, ob es für uns praktisch, hygienisch oder zeitsparend ist. Ist es überhaupt möglich, beide Sichtweisen zu vereinen?

Ja, wir können den Ansprüchen unserer Hunde sehr wohl gerecht werden, ohne unsere dabei aus den Augen zu verlieren.

> Die Frischfütterung beinhaltet alle wichtigen Komponenten. Sie verbindet durch Imitation die natürliche Ernährung eines wildlebenden Hundes/Wolfes mit unserem Lebensstil; alle Notwendigkeiten, menschliche wie hundliche, werden erfüllt.

Mein Buch basiert zum einen auf wissenschaftlichen Berechnungen und zum anderen auf meinen eigenen, langjährigen Erfahrungen aus der Praxis. Für Sie als Hundehalter, soll es einen praktischen Leitfaden und Begleiter darstellen, damit Sie sich der Ernährung des Hundes aus einer natürlicheren Richtung nähern können.

Einige Themen, die besonders umfassend sind, werden am Ende des jeweiligen Abschnittes noch einmal in leichter Formulierung zusammengefasst.

Kapitel 1
Grundlagen

1.1 Domestikation – Vom Wolf zum Haushund

Um die ursprüngliche Nahrungsgrundlage unserer Haushunde nachvollziehen zu können ist es erforderlich, zunächst über den Urvater des Hundes – den Wolf – zu informieren. Denn unsere Hunde sind nichts anderes als domestizierte Wölfe.

Unter Domestikation versteht man die Eingliederung einer Tierart in den Hausstand des Menschen. Mit der Haustierwerdung gehen diverse Veränderungen im Verhaltensrepertoire des Tieres einher, die sich im Vergleich zur Wildform, in einer Verhaltensdämpfung oder sogar im Wegfall bestimmter Verhaltensweisen äußern, was das enge Zusammenleben mit dem Menschen erst möglich macht.

1.2 Unterschiede Wolf und Hund

Es gibt über 400 Rassen von Haushunden, die durch gezielte Selektion (Auswahl) durch den Menschen entstanden. Alle haben eines gemeinsam, den *Wolf* als Stammvater!

Im Unterschied zu den sich äußerlich sehr stark vom Wolf unterscheidenden Rassen wie z.B. Pinscher oder Bulldogge ähneln Schäferhund, Malamute und Husky dem Wolf schon sehr.

Phänotypische Unterschiede Wolf und Hund

■ Im äußeren Erscheinungsbild trägt der Wolf die Rute waagerecht oder etwas gesenkt. Der Hund dagegen hält die Rute erhoben, abgesenkt oder oft auch eingerollt.

■ Die Hinterpfoten setzt der Wolf auf die Spur der Vorderpfoten, der Hund setzt seine Hinterpfoten zwischen die Spur der Vorderpfoten. Im Schnee kann man gut beobachten, dass Wölfe im Rudel hintereinanderlaufen und dabei ihre Pfoten jeweils in die Abdrücke des Vorderwolfes setzen. Daher entsteht oft der Eindruck, dass man der Fährte eines einzelnen Wolfes folgt, bis sich die Fährte plötzlich in mehrere Individualfährten aufteilt.

Anatomische Unterschiede Wolf und Hund

■ Die Unterschiede zwischen Wolf und Hund liegen vor allem bei den Schädelmerkma-len. Besonders auffällig ist die unterschied-liche Größe des Augenhöhlenwinkels. Beim Wolf beträgt dieser Winkel 40 bis 45 Grad, bei Hunden 53 bis 60 Grad, beim Deut-

Im Vergleich – Ein Polarwolf in freier Natur  ...   **... und unser weißer Schäferhund Mikel.**

schen Schäferhund jedoch 50 Grad. Er ist dem Wolf am ähnlichsten.

■ Ein weiterer Unterschied besteht im Volumen der Gehirnkapsel, die beim Wolf entschieden größer ist.

■ Unterschiedlich sind auch die Größe des vorderen Teiles des Unterkiefers und die Anordnung der Schneidezähne. Beim Wolf ist dieser Teil des Unterkiefers verhältnismäßig schmal, seine Schneidezähne sind dicht zueinander angeordnet. Beim Hund ist der Unterkiefer breiter, die Zähne sind in Abständen weiter zueinander angeordnet. Bei kurzköpfigen Rassen, wie dem Deutschen Boxer und dem Pekingesen, ist der Unterkiefer deutlich länger als der Oberkiefer, so dass die unteren Schneide- und Eckzähne vor denen der oberen stehen (Vorbiss). Bei Rassen mit langem und schmalem Schädel wie Barsoi, Whippet und Collie, sind die Verhältnisse umgekehrt. Diese Rassen zeigen einen Hinter- oder Rückbiss. Die Zahnstellung ist bei den einzelnen Hunderassen also sehr variabel. Beim »Normaltyp«, z.B. dem Deutschen Schäferhund, greifen die Schneidezähne des Unterkiefers unmittelbar hinter die des Oberkiefers. Man spricht von einem Scherengebiss.

■ Wölfinnen werden nur einmal jährlich läufig, Hündinnen zumeist zweimal im Jahr.

■ Ein Wolf besitzt, wie Dachs und Fuchs, eine Violdrüse an der Oberseite der Rute, die bei vielen Hunden fehlt bzw. nur reduziert auftritt. Die Drüse erzeugt einen typischen Geruch, der eine Rolle für die Kommunikation bei diesen Tierarten spielt. Die Sekrete der Violdrüse erinnern an den Geruch von Veilchen.[1]

Unterschiede im Lebensraum:

■ Freilebende Wölfe fressen nach verschiedenen Untersuchungen täglich Fleisch mit einer Masse von 10–21 % ihres eigenen Körpergewichts, bei einem mittleren Gewicht von etwa 40 kg also 4,0–8,4 kg pro Tag.[2]

Unsere Haushunde würden bei vorgenanntem Gewicht demnach 2,0–4,2 kg pro Tag fressen. Das ist ca. fünf- bis sechsmal so viel, wie sie tatsächlich im Erhaltungsbedarf benötigen.

■ Wölfe können innerhalb von 24 Stunden bis zu 12,5 Kilogramm Fleisch verzehren, ein Teil davon wird jedoch wieder ausgewürgt und als Vorrat verscharrt. Zirka 99% unserer Hunde würgen Fleisch nicht wieder aus (einerseits fressen sie nicht so viel auf einmal, andererseits brauchen sie keinen Vorrat anzulegen).

■ Das Leben von Wölfen ist hart und belastend. Dauernde körperliche Bewegung durch lange Hetzjagden, führen im günstigen Fall zu zwei- bis dreimal wöchentlichem Jagderfolg. Da diese ständigen, hohen Leistungsanforderungen an den Körper des Wolfes gestellt werden, erfordert seine Ration einen hohen Proteingehalt, um dem Muskelabbau entgegenwirken zu können. Unsere Familienhunde finden täglich einen durch uns Menschen gefüllten Napf vor. Außerdem werden die meisten unserer Hunde körperlich in keinster Weise dem Wolf vergleichbar gefordert. Selbst ausreichende Bewegung oder »normales Training« können die körperlichen Strapazen und Leistungen eines Wolfes nicht imitieren. Unsere Hunde benötigen dementsprechend einen wesentlich geringeren Anteil an Protein.

■ Je nach Status und Rang erhält der einzelne Wolf unterschiedliche Futterrationen, manchmal nur gerade so viel, dass er überlebt. Bei unseren Haushunden erhält auch der Rangniedrigste einen gefüllten Napf.

1.3 Grundlagen einer naturnahen Fütterung

Der Haushund (Canis lupus familiaris) ist ein Haus-, Heim- und Nutztier; biologisch gehört er zu den Raubtieren (Carnivora), dort zur Überfamilie der Hundeartigen, zur Gattung Canis.

Als Karnivoren bezeichnet man gewöhnlich
- Tiere, die sich von Fleisch ernähren,
- Pflanzen, die sich von Insekten ernähren.

Viele Hundehalter unterliegen deshalb leider immer noch dem Irrglauben, dass aufgrund der Entwicklung Wolf > Hund Fleisch naturgemäß das alleinige Nahrungsmittel sei. Dass dem nicht so ist, zeigt ein Blick in die natürliche Lebensweise der Wölfe und Wildhunde.

Die Bezeichnung Karnivor wurde abgeleitet von den lateinischen Begriffen carnis = Fleisch und vorare = fressen, verschlingen. Im wörtlichen Sinne mag dies irreleiten, denn Karnivoren fressen nicht ausschließlich Fleisch, sondern **Beutetiere**.

Beim Wolf sind dies je nach Jahreszeit und regionalen Verhältnissen kleine Nager, Lämmer, Kälber, Rehe, Fische, Rotwild, Mäuse, Würmer, Insekten. Je nach Region und Vorkommen, werden auch größere Beutetiere erlegt. Elche und Rentiere im Norden, Wildschweine, in Gebirgen lebende Wildschafe und Steinböcke weiter südlich. Die Beute wird bis auf geringe schwere oder unverdauliche Reste (z.B. große, stark mineralisierte Knochen, einige Teile des Mageninhaltes, große Fell- oder Hautstücke, Sehnen) komplett aufgefressen.

Dabei liefert das Beutetier nicht allein nur Eiweiß und Fett (Fleisch), sondern auch andere, lebensnotwendige Stoffe, die im Fleisch selbst nur sehr wenig bis gar nicht vorkommen:

Natrium aus dem Blut, fettlösliche Vitamine und Spurenelemente aus den Organen, wasserlösliche Vitamine aus dem Darm/Darminhalt, unverdauliche Komponenten aus dem Darminhalt (faserige Nahrungsbestandteile) als Ballaststoffe, essenzielle Fettsäuren aus dem Körperfett – also alle unentbehrlichen Nährstoffe.

Der Wolf in der Natur.

Je nach Menge und Angebot an Beutetieren, frisst der Wolf aber auch Heidelbeeren, Preiselbeeren, Brombeeren, Wildobst, Hagebutten, Blätter und Gräser. In nahrungsarmen Zeiten frisst er sogar Aas und auch Abfälle.[3]

> Der Hund ist in erster Linie ein »Raubtier« – zumindest in Hinsicht auf seine Verdauung.
> Die Grundnahrung sind **Beutetiere**! Als »Raubtier« kann er weder von alleiniger Fleischzufuhr, noch von alleiniger Pflanzenkost leben. Vielmehr ist er auch auf Mineralien und Vitamine angewiesen, die sein Urahn in den Eingeweiden und im Darminhalt der zumeist Pflanzen fressenden Beutetiere vorfindet.

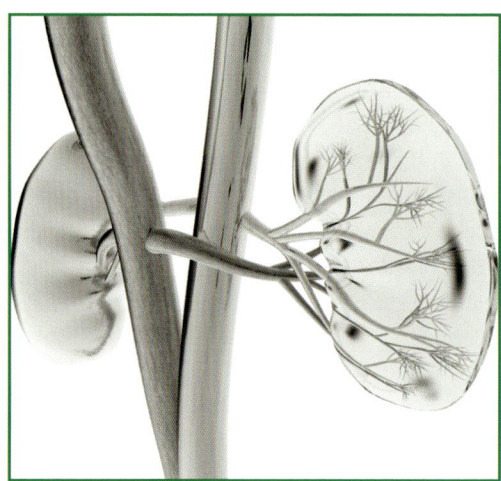

Verdauung

1.4 Stoffwechsel- und Verdauungssystem

Das Stoffwechselsystem braucht zu seiner Erhaltung eine komplexe Ernährung aus Stoffen unterschiedlicher Herkunft. Die Bestandteile können pflanzlicher, tierischer, mineralischer, organischer oder anorganischer Herkunft sein. Mit Ausnahme des Wassers, auf dem der Stoffwechsel aufbaut, müssen die verzehrten Substanzen erst in einen körpergerechten Zustand versetzt werden. Diesen Prozess der Umwandlung von einem körperfremden Stoff über einen körpernahen in einen körperverfügbaren nennt man Verdauung.

Jede Nahrung ist nur deswegen verwertbar, weil sie durch Verdauung verwertbar gemacht wird. Das umfassende Verdauungssystem des Hundes wendet dazu verschiedene Verfahrensweisen an.

Mechanische Verdauung

1. Mechanische Bearbeitung

Zuerst erfolgt die mechanische Bearbeitung der Nahrung. Für jeden sichtbar findet sie im Maul des Hundes statt, dort wird die Nahrung mit der Muskelkraft des Hundes mehr oder weniger zerkleinert. Mechanische Kräfte muss der Hund übrigens während des gesamten Verdauungsvorgangs aufwenden, bis die Nahrungsreste den Körper wieder verlassen: So ist die Speiseröhre ein Muskelschlauch, der die Nahrung sicher in den Magen befördert. Auch dort wird die Nahrung mechanisch weiter bearbeitet, zum einen, um eine bessere Vermischung der Nahrungsstücke mit den Verdauungssäften zu gewährleisten, vor allem aber, um den dabei entstehenden Nahrungsbrei gezielt in den Zwölffingerdarm zu transportieren. Auch der gesamte Darm ist ein kräftiges Muskelorgan, das den Nahrungsbrei durchknetet und rhythmisch vorwärts bewegt.

Selbst die Ausscheidung ist Folge von Muskelaktivität, in diesem Fall der des Enddarms. Zusätzlich zu diesen durchmengenden und vorwärtsschiebenden Bewegungen des Verdauungsapparates gibt es vier muskelverstärkte Engstellen, die die Nahrung zu passieren hat. Diese »Ventile« liegen im Kehlkopf am Ausgang der Speiseröhre bzw. am Eingang zum Magen, am Übergang des Magens zum Zwölffingerdarm, am Übergang des Dünndarms zum Dickdarm und schließlich am Ende des Dickdarms (After-Schließmuskel).

2. Chemische Bearbeitung

An zweiter Stelle steht die chemische Veränderung der Nahrungsbestandteile. So sondert die Magenschleimhaut große Mengen Salzsäure ab, die viele Nahrungsbestandteile denaturiert und für die Einwirkung der Fermente empfänglicher macht. Auch die Bauchspeicheldrüse und Gallenblase, die in den Zwölffingerdarm münden, enthalten anorganische Bestandteile, die z.B. bei der Fettverdauung von Bedeutung sind.

3. Enzymatische Bearbeitung

Nach der mechanischen und chemischen Aufbereitung ist letztlich die enzymatische Zersetzung der Nahrung für die weitere Verdauung entscheidend. Enzyme (Fermente) sind von Magen-Darmschleimhaut und Bauchspeicheldrüse gebildete Verbindungen, die, ähnlich einer Kneifzange, Nahrungsbestandteile zerschneiden und sie so immer kleiner werden

Chemische Verdauung

Enzymatische Verdauung (z.B. Papaya mit dem Enzym Papain).

lassen. Ein typisches Beispiel ist das im Magen gebildete Pepsin, das Eiweiß zerlegen kann. Im Maul des Hundes werden, anders als beim Menschen, übrigens keine Verdauungsenzyme gebildet, d.h. die enzymatische Verdauung beginnt erst im Magen. Resultat der enzymatischen Verdauung sind Nährstoffbruchstücke, die so klein sind, dass sie durch die Darmwand in den Körper hineingeschleust werden können.

4. Hilfe durch Darmbakterien

Weniger entscheidend für die Verdauung ist das Vorhandensein von Darmbakterien (Darmflora). Viele von diesen können zwar auch Nährstoffe, z.B. Kohlenhydrate oder Eiweiß, durch eigene Enzyme weiter zerlegen und damit dem Hund zur Verfügung stellen, viel wichtiger ist aber ihre Rolle bei der Bildung von Vitaminen oder wichtigen Eiweißen. So synthetisieren Darmbakterien bestimmte Vitamine, die der Hund nicht selbst synthetisieren kann. Allerdings: Der Großteil der Vitamine muss und soll über die Nahrung zur Verfügung gestellt werden.

5. Stoffe wechseln – der Stoffwechsel

Zu guter Letzt gelangen schließlich durch den aktiven und passiven stofflichen Austausch die Nährstoff-Bruchstücke (z.B. Aminosäuren, Zucker, Fettsäuren) durch die Darmschleimhaut in Blut und Lymphe und werden von dort in die Leber transportiert – die große biochemische »Fabrik« im Organismus. Der aktive Stofftransport ist von großer Bedeutung, da nur einige Nährstoffe von alleine die Darmschleimhaut durchwandern (Diffusion), wie z.B. Wasser oder manche Mineralien. Wichtig: Müssen Nährstoffe aktiv durch die Zellen der Darmschleimhaut hindurch transportiert werden, verbraucht dies – wie andere Verdauungstätigkeiten auch – viel Energie!

6. Informationen steuern alles

Nerven und Hormone

Im Magendarmtrakt ginge es drunter und drüber, würden all diese Mechanismen nicht zielgerichtet gesteuert. Hierzu braucht das Nervensystem in Verdauungstrakt, Rückenmark und Gehirn zahlreiche Sensoren, die Informationen über das Geschehen liefern, ich nenne sie Reizempfängerzellen. Diese kommen vom Maul bis zum After vor. Die zahllosen Reizempfänger messen u.a. die Dehnung des Magens, die Säurekonzentration im Magen (pH-Wert), die Häufigkeit von Dünndarmkontraktionen, den Füllungsgrad des Dickdarms.

All diese Informationen (Reize) werden an das Nervensystem weitergeleitet, wo sie verarbeitet werden und die Verdauung sinnvoll gesteuert wird.

Übrigens: Es wird durchaus nicht die gesamte Verdauung vom Gehirn aus reguliert. Vielmehr ist die Steuerung der Verdauungstätigkeit hierarchisch strukturiert. So gibt es Nervenknoten im Dünndarm, die selbsttätig die wellenförmigen Bewegungsrhythmen des Darms (Peristaltik) bewirken und kontrollieren. Am Rande der Wirbelsäule wiederum befinden sich Nervenzentren (Ganglien), die mehrere Aufgaben gleichzeitig steuern können.

Und überall im Magen und Darm befinden sich Zellen, die chemische Botenstoffe (Hormone) bilden, welche zusätzlich die Verdauung steuern. Das im Magen gebildete Hormon Gastrin fördert z.B. die Beweglichkeit des Magens und führt zu einer vermehrten Ausschüttung von Mineralstoffen aus den Verdauungsdrüsen. Das Gehirn jedoch lenkt die Vorgänge nur übergeordnet. Dennoch kann die Verdauung auf dieser Ebene effektiv gestört werden: Stress und Aufregung beispielsweise können den wohlgeordneten Ablauf der Verdauungstätigkeit nachhaltig durcheinanderbringen – wie bei uns Menschen. Sicherlich kennen Sie

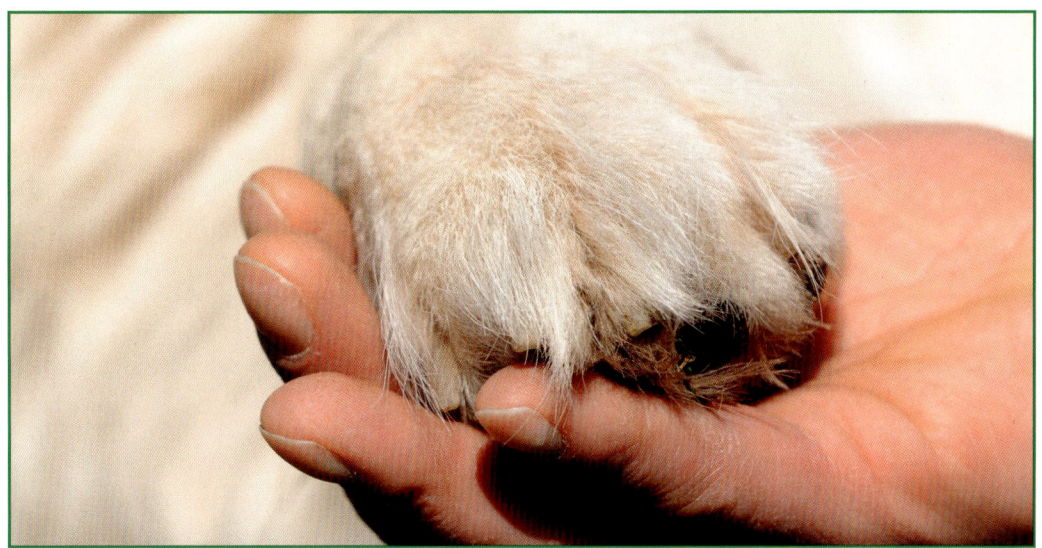

den Ausspruch: »Das ist mir auf den Magen/oder Darm geschlagen!« Bei vielen Menschen hat Stress eine direkte, »durchschlagende« Wirkung auf den Darm und sie bekommen Durchfall. Das Gleiche kann einem Hund bei Stress (egal, ob positiver z.B. aufgrund von Freude oder auch negativer aufgrund von Angst oder Unbehagen) passieren.

Andere äußere Einflüsse bewirken hingegen eine sinnvolle Verringerung der Darmtätigkeit, z.B. extreme körperliche Belastung. Der Grund ist u.a. darin zu sehen, dass Verdauung Energie kostet. Bei starker Belastung wird die Energie aber vor allem in die Muskeln und das Gehirn geleitet, während die Durchblutung des Darms – und damit die Energieanlieferung in diese Körperregion – nachlässt.

Wasser und Wärme

Betrachtet man grundsätzlich die Verdauung, fallen noch zwei entscheidende Faktoren auf: So ist eine normale Verdauungstätigkeit ohne Mitwirkung ausreichender Wassermengen völlig unmöglich. Das bedeutet, zu geringe Wasseraufnahme oder zu starker Wasserverlust (Schwitzen, Krankheit) stören die Verdauung.

Zum anderen spielt die Wärme eine wichtige Rolle: Sowohl chemische, wie auch enzymatische Verdauung funktioniert erst dann effektiv, wenn eine optimale Temperatur, d.h. nicht zu kühl und nicht zu heiß, herrscht. Ein völlig überhitzter Hund wird deswegen z.B. auch eine verminderte Verdauungstätigkeit haben.

Leber, Gallenblase, Bauchspeicheldrüse

Die Anhangsorgane des Magendarmtraktes – Leber, Gallenblase sowie Bauchspeicheldrüse – sind nicht am unmittelbaren Verdauungsprozess beteiligt, sondern liefern zahlreiche Gallensäuren, Mineralstoffe und Enzyme, die letztlich den »Verdauungssaft« bilden. Daneben haben aber sowohl die Bauchspeicheldrüse und vor allem die Leber zahlreiche weitere, wichtige Aufgaben im Organismus, die nicht in Zusammenhang mit der Verdauung stehen. Dennoch vermittelt dieser Überblick bereits wesentliche Erkenntnisse von der Abhängigkeit der Verdauung von äußeren und inneren Geschehnissen und lässt wesentliche Folgerungen für die praktische Hunde-Ernährung zu.

1.5 Anatomie des Hundes

Der Körperbau im Überblick

1 = Stop (Stirn)
2 = Fang (Maul, Schnauze mit Lefzen)
3 = Wamme (Kehle, Kehlhaut)
4 = Oberarm mit Schulter
5 = Ellenbogengelenk
6 = Vorderfuß
7 = Kruppe (höchster Punkt des Hinterteils)

8 = Keule (Hüftgelenk, oberes Bein)
9 = Sprunggelenk (Fußgelenk)
10 = hinterer Fuß
11 = Widerrist (höchster Punkt der Schulter)
12 = Kniegelenk
13 = Läufe (Beine)
14 = Rute (Schwanz)

Die Verdauung im Überblick

Die Gruppen von Nährstoffen, die verdaut werden müssen, sind Proteine, Fette, Kohlenhydrate und Ballaststoffe. Mineralien, Vitamine und Wasser werden in mehr oder weniger ähnlicher Form aufgenommen, wie sie in der Nahrung auftreten.

Die Nahrung wird in ihre Bausteine aufgespalten. Dieser Prozess findet im Verdauungstrakt statt. Stark vereinfacht kann man von einem Schlauch sprechen, der im Maul beginnt und am After endet.

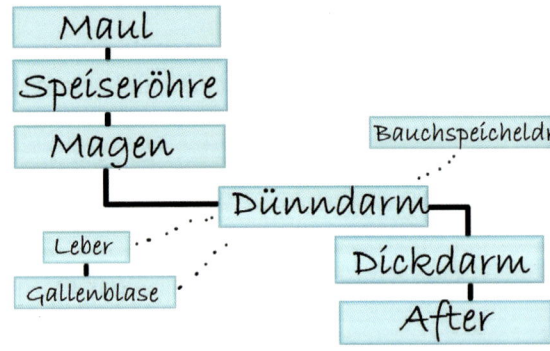

Vereinfachte Darstellung der Verdauung

Dieser Schlauch ist in verschiedene Abteilungen gegliedert. Jede dieser Abteilungen transportiert die Nahrung weiter und trägt zu ihrer Verdauung bei. Bei der Verdauung helfen »Verdauungssäfte« von Organen wie Speicheldrüsen, Leber, Bauchspeicheldrüse. Diese Verdauungssäfte enthalten Enzyme, sie spalten die Nahrung auf chemischem Wege.

1. Die Verdauung beginnt im Maul

Zum Verdauungssystem gehören, in der Reihenfolge wie die Nahrung den Hund passiert, Mundhöhle, Rachen, Speiseröhre, Magen, Dünndarm, Dickdarm und After. Weiter zählen auch noch die Drüsen, die die Verdauungssekrete abgeben, dazu: Speicheldrüsen, Leber und Bauchspeicheldrüse.

Der Mundraum, auch Mund- oder Maulhöhle genannt, ist der Start des Verdauungstraktes. Hiermit nimmt der Hund seine Nahrung nach Geschmacks- und Geruchsprüfung auf. Dabei wird die Nahrung mit Hilfe der Zähne kurz zerkleinert, mit Speichel vermischt, um sie gleitfähiger zu machen, und dann mit der Zunge nach hinten geschoben, damit die Nahrung verschluckt werden kann.

In den ersten drei Lebenswochen ist der Welpe zahnlos. Ab der vierten bis zur sechsten Lebenswoche entwickelt sich das Milchgebiss dann sehr rasch. Es besteht aus drei Schneide-, einem Eck-, drei vorderen Backenzähnen je Kieferhälfte, insgesamt also 28 Zähnen. Nach ca. sechs Monaten werden die Milchzähne durch das bleibende Gebiss ersetzt. Der erwachsene Hund besitzt 42 Zähne.

Beim bleibenden Gebiss befinden sich in jeder Kieferhälfte
- drei Schneidezähne (Incisivi, I),
- ein Eckzahn (Caninus, C) und
- vier vordere Backenzähne (Prämolaren, P).

Im Oberkiefer gibt es zusätzlich
- zwei hintere Backenzähne (Molaren, M).

Im Unterkiefer gibt es zusätzlich
- drei hintere Backenzähne (Molaren, M).
Jeweils einer der Backenzähne ist besonders kräftig und wird als Reißzahn (Dens sectorius) bezeichnet.
Im Oberkiefer ist dies der P4, im Unterkiefer der M1, also immer der drittletzte Zahn.

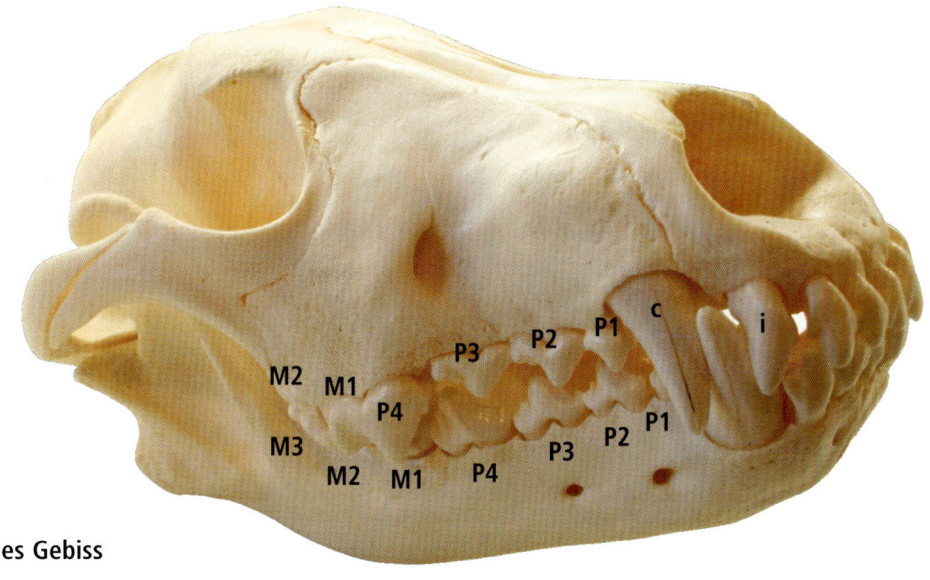

Bleibendes Gebiss

Die Reißzähne dienen zum Zerreißen von Fleischstücken.

In der Mundhöhle befinden sich auch die Speicheldrüsen: die Ohrspeicheldrüse, welche, wie ihr Name schon vermuten lässt, in der Nähe der Ohren zu finden ist, genauer gesagt unterhalb der Ohren. Die Unterkieferspeicheldrüse finden wir im Bereich der Kiefernwinkel und die Unterzungendrüse befindet sich seitlich der Zunge. Bei unseren Hunden ist der Speichel nicht wie bei uns Menschen schon zur Vorverdauung gut, sondern dient lediglich der Befeuchtung und des besseren Transportes der Nahrungsstücke. Da unsere Hunde die Nahrung nicht so stark zerkleinern, müssen die relativ großen Brocken gleitfähig sein, um leichter durch die Speiseröhre rutschen zu können. Der Speichelfluss kommt schon zustande, wenn der Hund Futter nur wahrnimmt.

2. Die Speiseröhre
Schluckt unser Hund das Futter herunter, gelangt es zunächst in den Rachen, siehe Foto Seite 21 Punkt 1. Durch diese Berührung des Futters mit der Rachenschleimhaut, wird ein Reflex ausgelöst, der das Verschließen von Nasenraum und Kehlkopf hervorruft, so dass das Futter nicht in die Luftröhre rutscht. Das Futter gelangt so über den Rachen durch Kontraktion der Rachenmuskulatur in die Speiseröhre, siehe Foto Seite 21 Punkt 2. Die Speiseröhre kann man sich als muskulösen, stark dehnungsfähigen Schlauch vorstellen, der in den Magen führt und somit Rachen und Magen verbindet. Sie ist innen mit einer Schleimhaut ausgekleidet, was den Transport erleichtert. Durch die in der Speiseröhre eintreffende Nahrung, werden die Ringmuskeln, die kurz vor dem Mageneingang liegen (Foto Seite 21 Punkt 3), zur Kontraktion angeregt

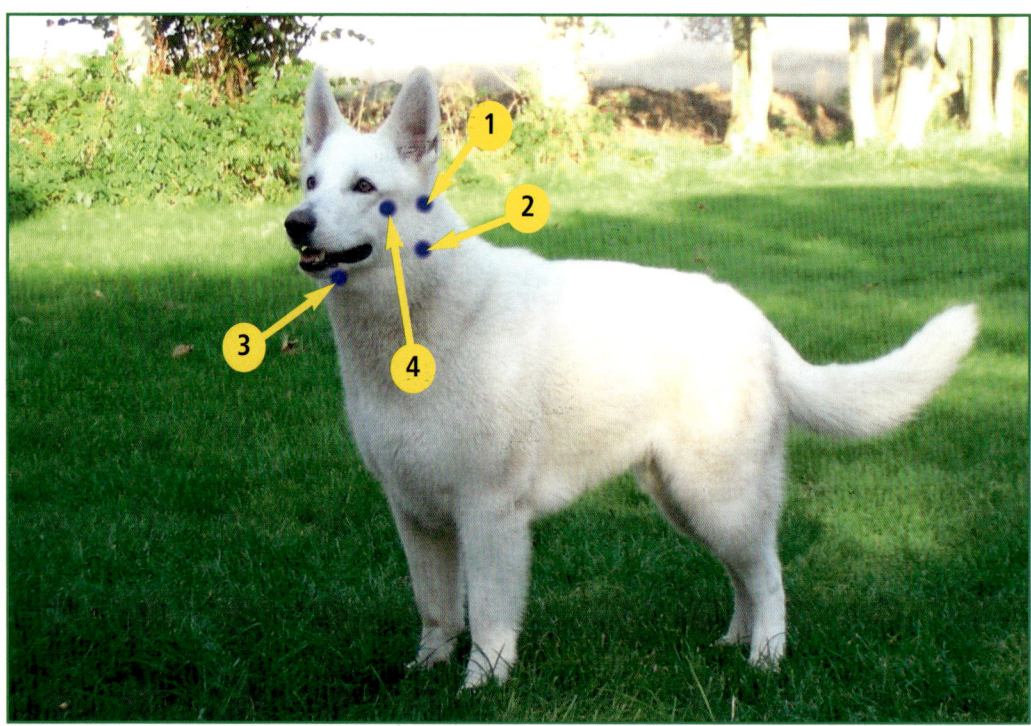

1 = Ohrspeicheldrüse, 2 = Unterkieferdrüse, 3 = Unterzungendrüse, 4 = Backendrüse

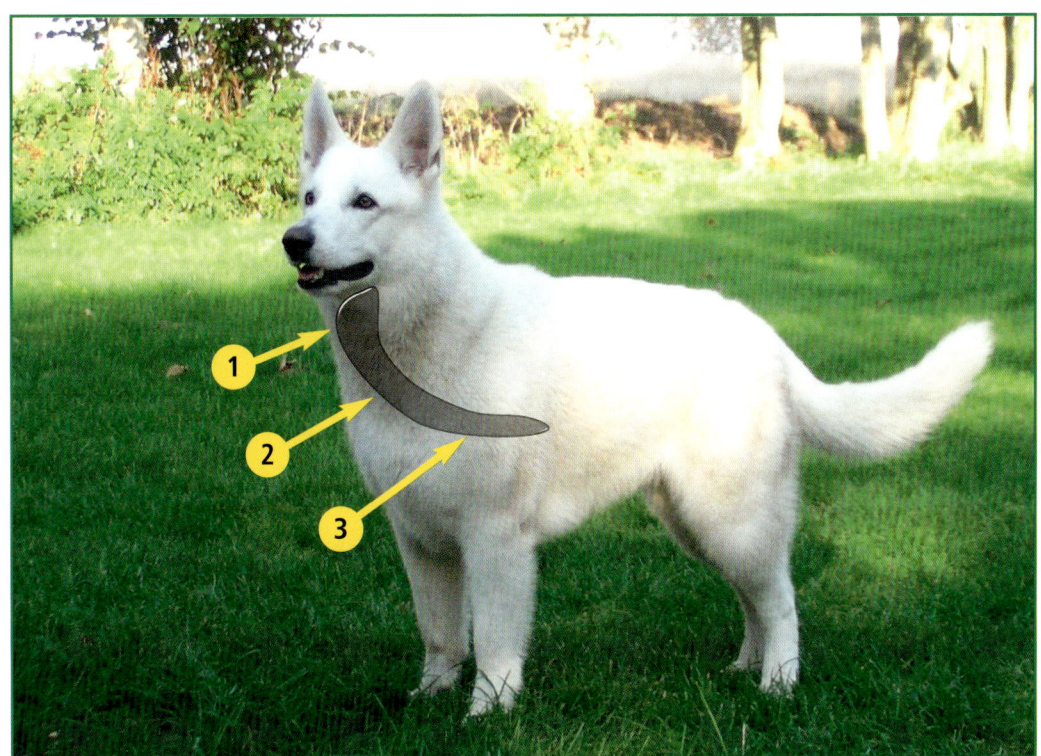

1 = Rachen, 2 = Speiseröhre, 3 = Ringmuskeln vor dem Mageneingang

und befördern die Nahrung Richtung Magen. Dies bezeichnet man als Peristaltik (Muskeltätigkeit von Hohlorganen).

3. Was im Magen geschieht

Der Magen (Foto Seite 22) ist ein sackartiges Gebilde, welches sich bei Bedarf ausdehnen kann, um die Nahrung aufzunehmen. Er liegt hinter den Rippen geschützt und ist von außen durch das Bauchfell abgedeckt. Im leeren Zustand liegt der Magen im Brustkorb. Je nach Menge einer Mahlzeit reicht er gefüllt bis zur 13. Rippe oder darüber hinaus. Im Inneren des Magens befindet sich eine in Falten gelegte Schleimhaut, in der auch Drüsen zu finden sind. Die Drüsenverteilung wird in drei Zonen unterteilt. Am Mageneingang liegt die schmale Kardiadrüsenzone (Foto Seite 22, Punkt 2). Sie bildet wässriges Sekret und Schleim. Da-

nach folgt die Zone der Fundusdrüsen (Foto Seite 22, Punkt 3). Diese ist die größte Zone des Magens. Es werden Pepsinogen und Kathepepsinogen (Vorstufen der Enzyme Pepsin und Kathepepsin, welche die Eiweißverdauung einleiten) produziert. Weiterhin produziert werden Salzsäure, die dem Magen das saure Milieu gibt (pH-Wert ca. 1,5), und Schleim, damit die Magenschleimhaut nicht selbst verdaut wird. Durch die Salzsäure werden die Vorstufen Pepsinogen und Kathepepsinogen aktiviert, d.h. die Aminosäuren werden abgespalten und es entstehen die aktiven Enzyme Pepsin und Kathepsin. Würde das Pepsin direkt aktiv vorliegen, würde es die zelleigenen Bestandteile verdauen, darum liegt es in den Zellen erstmal nur als Vorstufe vor. Die Herstellung und Absonderung von Säure, Schleim und Enzymen hängt von der Zusammenset-

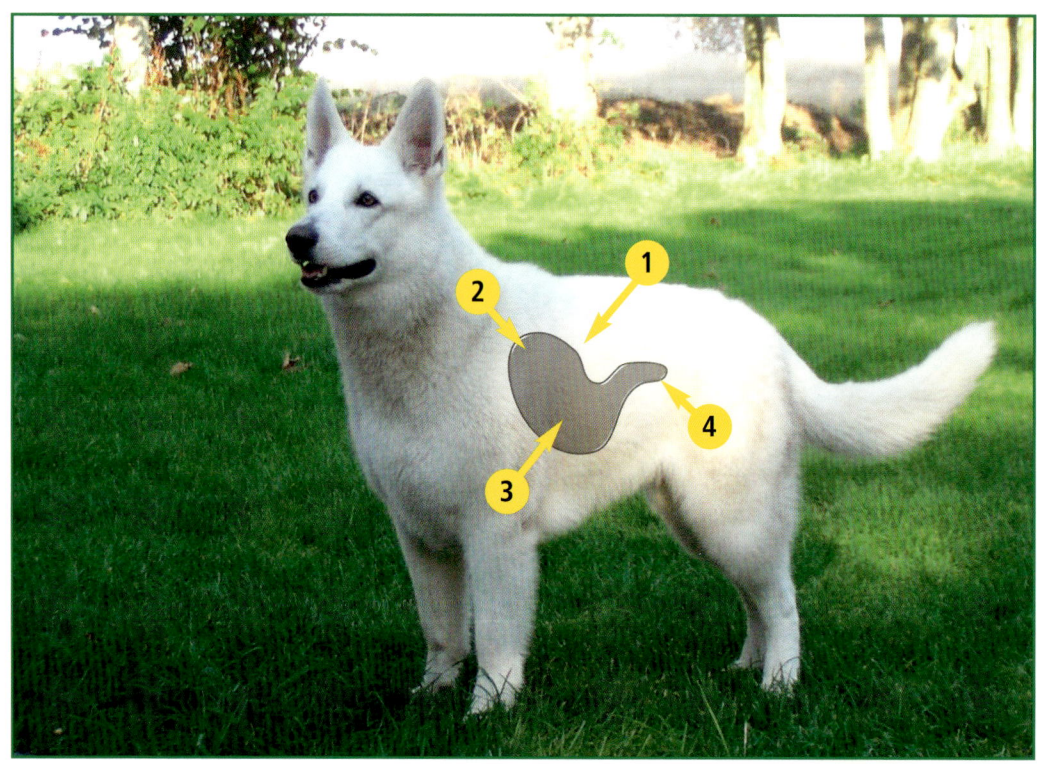

1 = Der gesamte Magen, 2 = Mageneingang, Übergang von der Speiseröhre,
3 = Fundusdrüsen, 4 = Pylorusdrüsenzone (Übergang vom Magen zum Dünndarm)

zung und der Menge der aufgenommenen Nahrung ab und wird durch Hormone und Nerven gesteuert. Der saure Mageninhalt schützt auch den nachfolgenden Darmbereich vor dem Eindringen von Mikroorganismen, da diese meist im sauren Milieu nicht überleben können.

Den Abschluss bildet die Pylorusdrüsenzone, der sogenannte »Pförtner« am Übergang vom Magen zum Dünndarm (Abb. oben Punkt 4), in der ebenfalls Verdauungsenzyme entstehen. Die gesamte Magenwand ist übrigens muskulös, besonders die Pyloruszone. Die Nahrung wird im Magen gründlich gemischt und zum Pylorus-Schließmuskel geschoben. Dieser ist ein Muskelring, der als Regler-Ventil fungiert. Kommt der Mageninhalt dort an, so ist er eine dicke, milchige Flüssigkeit, die man

Speisebrei nennt. Mehrere Faktoren beeinflussen nun den Abfluss in den Dünndarm. Starke Kontraktionswellen des Magens bringen den Pylorus-Schließmuskel dazu, zu entspannen und die Nahrung in den Zwölffingerdarm, den ersten Teil des Dünndarms, zu entlassen. Der Speisebrei kann leichter hindurchfließen, wenn er sehr dünnflüssig ist. Andererseits wird die Abflussrate durch den Speisebrei, durch Säuren, Fette und diverse Reizstoffe im Zwölffingerdarm behindert, sie alle halten Bewegungen im Magen auf. So wird sichergestellt, dass der Mageninhalt gut gemischt und ausreichend angesäuert wird, bevor er den Magen wieder verlässt. Außerdem wird dafür gesorgt, dass nicht mehr Speisebrei in den Zwölffingerdarm gelangt, als dieser störungsfrei verarbeiten kann.

Wichtig ist noch zu wissen, dass bei unseren Hunden die Produktion der Salzsäure nicht ständig erfolgt und bei leerem Magen sogar gänzlich zum Stillstand kommt. Ausgelöst wird die Produktion erst wieder durch den Schlüsselreiz des Proteins. Im Magen findet im Grunde kaum Verdauung statt; die setzt erst ein, wenn der Nahrungsbrei den Magen durch den Pförtnermuskel verlässt und in den Zwölffingerdarm gelangt.

4. Die Funktion des Dünndarms

Der Darm ist jener Ort im Organismus eines Tieres, in dem Nahrung in so kleine Bestandteile zergliedert wird, dass diese durch die Darmschleimhaut in das Blut transportiert werden können. Die Kürze des Hundedarms muss also zu einer anderen Verdauung führen als bei einem Pflanzenfresser. Hunde sind nicht in der Lage, äußerst komplexe Kohlenhydratverbindungen zu verdauen, wie z.B. Heu, Stroh oder Baumrinde. Hierfür reicht weder die Darmlänge des Hundes und damit die Verweildauer der Nahrung aus, noch die biologisch vorgegebene Ausstattung mit den notwendigen Verdauungsenzymen.

Folge: Ein Hund muss, damit sein Organismus alle wichtigen Nährstoffe aufnehmen kann, die von den Beutetieren bereits vorverdauten Pflanzenteile aufnehmen. Erst diese kann er dann verdauen. Das Verhältnis der Körper- zur Darmlänge beträgt bei Hunden etwa 1:6,8. Das mag auf den ersten Blick viel erscheinen, schließlich ergibt dies bei einem größeren Hund eine Gesamtlänge von rund zehn Metern (Dünndarm: etwa 450 cm, Dickdarm: et-

1 = Zwölffingerdarm (Übergang vom Magen aus), 2 = Ende des Zwölffingerdarms und Übergang zum Leerdarm, 3 = Leerdarm, 4 = Ende des Leerdarms und Übergang zum Krummdarm (Hüftdarm), 5 = Krummdarm, welcher in den Dickdarm mündet

wa 550 cm). Der Darm vieler Pflanzenfresser von ähnlicher Körpergröße ist aber doppelt so lang! Das Verhältnis von Körper- zu Darmlänge liegt bei diesen Tiergattungen zwischen 1:10 bis 1:23.

Der gesamte Dünndarm (Foto Seite 23, Punkt 1) ist so aufgebaut, dass eine Oberflächenvergrößerung erzielt wird. Dies entsteht durch Schleimhautfalten, auf denen sich sogenannte Zotten befinden, die wie kleine Finger in den Darm hineinragen. Auf diesen Zotten liegen wiederum Ausstülpungen, die die Oberfläche weiterhin vergrößern und Mikrovilli genannt werden. Diese große Oberfläche dient der Resorption der Nahrungsbestandteile. Der Nahrungsbrei, der in kleinen Portionen in den Dünndarm gelangt, wird durch Verdauungssäfte mit den Sekreten der Dünndarmschleimhaut, dem Gallensaft und der Flüssigkeit aus der Bauchspeicheldrüse gemischt, wodurch Eiweiß, Fette und Kohlenhydrate aufgespalten werden. Durch die Dünndarmschleimhaut können diese winzig aufgespalteten Bestandteile dann in das Blut oder die Lymphe gelangen.

Der Zwölffingerdarm (Foto Seite 23, Punkt 2) ist der erste Teil des Dünndarms hinter dem Magen. Hier findet der größte Teil der Verdauung statt. Weitere Enzyme werden dem Speisebrei zugesetzt. Einige stammen aus der Darmwand, andere aus der Bauchspeicheldrüse und aus der Leber.

Der zweite Teil ist der Leerdarm (Foto Seite 23, Punkt 3), der an den Zwölffingerdarm grenzt. Der Leerdarm ist der längste Teil des Dünndarms und dient in erster Linie der Resorption der Nährstoffe. Im Anschluss erreicht die Nahrung das letzte Teilstück des Dünndarms, den Krummdarm, auch Hüftdarm genannt (Foto Seite 23, Punkt 4). Dieser ist relativ kurz und stellt den Übergang zum Dickdarm dar. Die Verdauung der Nahrung wird nun im Dünndarm abgeschlossen. Wenn die Nahrung in ihre kleinsten Komponenten aufgespalten ist, können diese von der Darmwand aufgenommen und ans Blut abgegeben werden. Die Endprodukte der Verdauung werden zur Leber geleitet, wo sie dem Stoffwechsel zugeführt werden. Fett wird in die Lymphgefäße aufgenommen und später dem Blutkreislauf zugeführt.

5. Die Rolle des Dickdarms

Im Dickdarm werden vorhandenes Wasser und die Elektrolyte (Salze) resorbiert, somit der Nahrungsbrei eingedickt und zu Kot geformt. Hier findet also die Aufnahme von Wasser, wasserlöslichen Vitaminen, Salzen und essentiellen Fettsäure statt, auch werden unter anderem Vitamin B und K synthetisiert und aufgenommen.

Der Dickdarm beginnt mit dem Blinddarm (Foto Seite 25, Punkt 1), bei Hund und Katze fehlt allerdings der Wurmfortsatz (Appendix), weswegen sie nicht an Blinddarmentzündungen erkranken können. Danach kommt der Grimmdarm (Foto Seite 25, Punkt 3), gefolgt vom Mastdarm (Foto Seite 25, Punkt 5). Wenn die Nahrung den Dickdarm erreicht, sind die meisten Nährstoffe verdaut worden. In diesem Teil des Darms wird Wasser zurückgewonnen. Im Dickdarm leben bestimmte Bakterien (Dickdarmflora), die vom Hund nicht zu verdauende Ballaststoffe abspalten. Dieser Prozess ist für die Bildung von Gasen verantwortlich, die oft Blähungen verursachen. Die Dickdarmflora stellt jedoch auch lebensnotwendige Vitamine her und unterstützt das Abwehrsystem (Immunsystem) des Körpers!

6. Der After

Exkremente bestehen zu rund 60–70 % aus Wasser, der Rest aus unverdauter Nahrung, toten Bakterien, Darmzellen und einigen anorganischen Materialien. Kot wird im Rektum (Mastdarm/Enddarm) gespeichert und durch den analen Schließmuskel ausgeschieden.

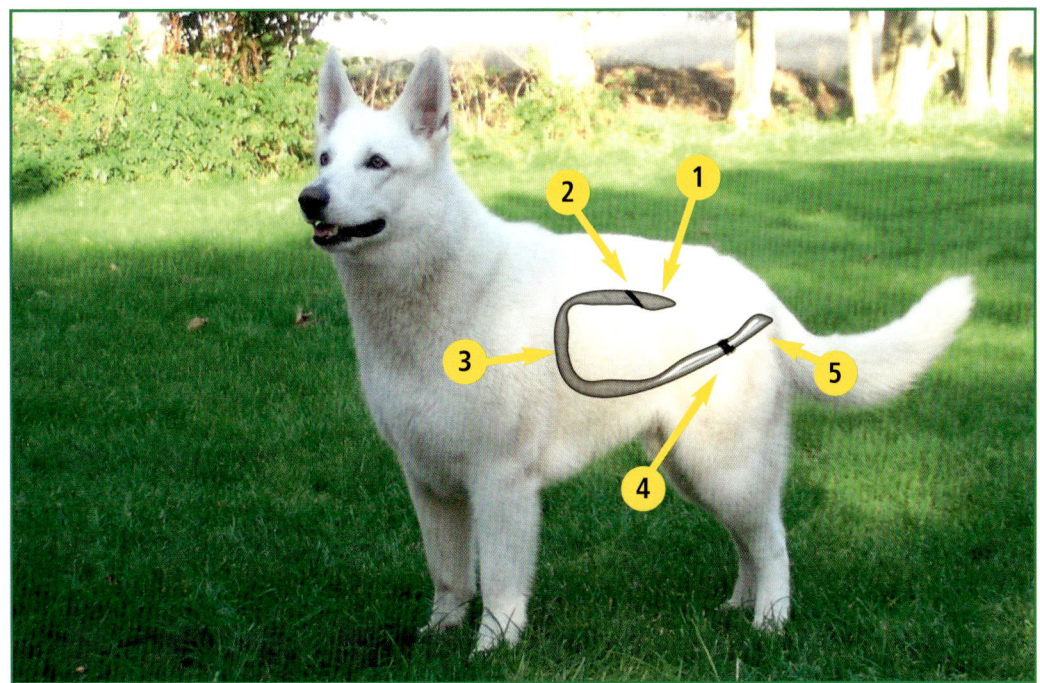

1 = Blinddarm, 2 = Ende des Blinddarms und Übergang zum Grimmdarm,
3 = Grimmdarm, 4 = Ende des Grimmdarms und Übergang zum Mastdarm,
5 = Mastdarm (Enddarm, Rektum)

Auch wenn die Ausscheidung von Kot willentlich gesteuert wird, kann es bei alten Hunden, bei Diarrhöe-Anfällen oder anderen Krankheiten zu Problemen kommen. Der Anus (After) ist die Austrittsöffnung des Mastdarmes. Durch den Anus verlässt der Kot den Darm.

Die zu beiden Seiten des Anus liegenden Analbeutel bestehen aus einer sackartigen Hülle, die als Talg- und als Schweißdrüse fungiert. Die Analdrüsen befinden sich an beiden Seiten des Mastdarms, neben der Afteröffnung des Hundes. Sie produzieren eine stark riechende, schwarze Paste, die mit dem Kot zusammen abgesetzt wird.

Normalerweise entleeren sich die Analdrüsen durch das Pressen beim Kotabgang. Manchmal muss der Mensch auch nachhelfen, wenn dieser Ausgang verstopft ist. Die Hunde »fahren« dann »Schlitten« auf dem Boden, um

1 = Anus (After)

sich von dieser drückenden Drüsen-Verstopfung zu befreien.

Zwei sehr wichtige Organe, die mit dem Dünndarm verbunden sind, möchte ich noch erwähnen:

7. Die Bauchspeicheldrüse

Sie ist eine der wichtigen Drüsen im Körper und hat zwei Aufgaben: Sie gibt Verdauungsenzyme in den Darm und Hormone ans Blut ab. Die Bauchspeicheldrüsensäfte enthalten außerdem Natriumbicarbonat (Bicarbonat). Im Dünndarm muss ein alkalisches Milieu vorliegen, damit die Enzyme arbeiten können. Darum muss der saure Mageninhalt im Dünndarm neutralisiert werden. Die Bauchspeicheldrüse neutralisiert den sauren Speisebrei und sorgt für eine alkalische Umgebung, in der die Enzyme des Darms und der Bauchspeicheldrüse am besten wirken können. Diese Enzyme enthalten Proteasen zur weiteren Proteinver-

dauung, Amylasen zur Kohlenhydratverdauung und Lipasen zur Fettverarbeitung. Enzyme in den Darmsäften beginnen in den späteren Verdauungsphasen zu wirken. Die Steuerung der Bauchspeicheldrüsensäfte erfolgt hauptsächlich durch zwei Hormone: Sekretin und Pankreomyzin. Diese werden von den Wandzellen des Dünndarms abgegeben. Eine weitere wichtige Funktion der Bauchspeicheldrüse ist die Herstellung des Hormons Insulin und dessen Abgabe in den Blutstrom. Insulin kontrolliert den Blutzuckerspiegel.

8. Die Leber

Sie ist das zweite große Organ, das mit dem Dünndarm verbunden ist. Ständig wird Galle produziert, die in der Gallenblase gespeichert und bei Bedarf durch den Gallenkanal in den Zwölffingerdarm abgegeben wird. Galle enthält Gallensalze, die als Emulgatoren wirken, indem sie Fette in kleinste Kügelchen formen. Nur so kann das Fett von den Lipaseenzymen

1 = Bauchspeicheldrüse

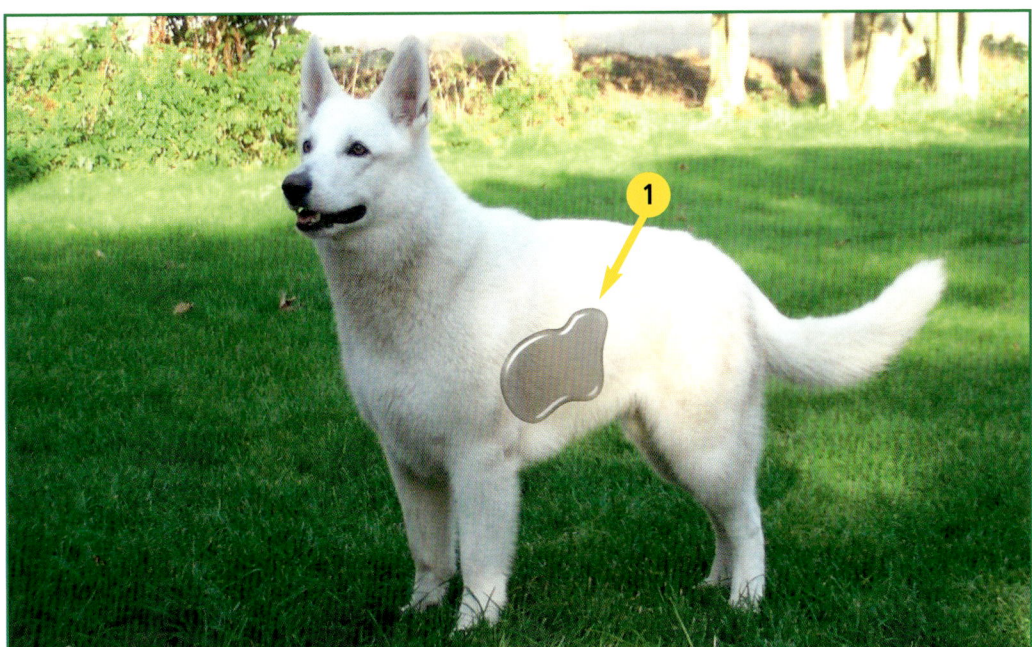

1 = Leber

(fettspaltende Enzyme) im Bauchspeicheldrüsensaft aufgespalten werden. Die Farbstoffe in der Galle geben den Exkrementen ihre charakteristische Farbe. Die Leber besteht aus rötlichbraunem Gewebe, welches als Lappen gegliedert ist. Unsere Hunde haben vier Leberlappen. Im zentralen Leberlappen findet man die Gallenblase. Die Galle ist das Sekret der Leber. Die Gallenflüssigkeit dient unter anderem zur Alkalisierung des Nahrungsbreis, zur Aktivierung der Bauchspeicheldrüsenenzyme und zur Lösung von Fetten.

Die Leber hat wichtige Funktionen im Stoffwechsel des gesamten Organismus:

■ **Eiweiß-Stoffwechsel**
Fast 95 % der Eiweiße werden hier aus Aminosäuren hergestellt. Beim Abbau der Proteine entstehen Harnstoff und Harnsäure, welche wie vorkommend unverändert ausgeschieden werden können.

■ **Kohlenhydrat-Stoffwechsel**
Kohlenhydrate werden hier in Form von Glycogen gespeichert und bei Bedarf dem Körper als Glucose zugefügt.

■ **Fett-Stoffwechsel**
Er umfasst den Aufbau von körpereigenem Fett und den Um- und Abbau der Fettsäuren. Die Gallenproduktion erfolgt durch den Abbau von Erythrozyten (rote Blutkörperchen) und Fetten.

■ **Entgiftung**
Körperfremde Stoffe wie zum Beispiel Arzneimittel oder auch verschiedene Stoffwechselendprodukte werden hier so umgebaut, dass sie ausgeschieden werden können.

■ **Speicherfunktion**
Die Leber speichert fettlösliche Vitamine (A, D, E und K), Eisen, Glykogen und noch viele andere Spurenelemente.

Der Anblick und der Geruch von Nahrung stimuliert den Speichelfluss und verursacht das Sabbern und Schmatzen, das man bei den Mahlzeiten oft erlebt. Wenn die Nahrung ins Maul gelangt erhöht sich die Speichelproduktion. Die Nahrung wird mechanisch zerkleinert und mit Speichel zu einem geschmeidigen Brei vermischt, der leicht geschluckt werden kann. Über den Rachen und die Speiseröhre gelangt die Nahrung in den Magen, der große Nahrungsmengen aufnehmen kann und als »Mischer« dient. Von hier aus gelangt die Nahrung, je nach körperlicher Aktivität, in kleineren oder größeren Portionen schluckweise in den Zwölffingerdarm, dann in den Leerdarm und anschließend in den Krummdarm. Wenn die Nahrung in ihre kleinsten Komponenten aufgespalten ist, können diese von der Darmwand aufgenommen und ans Blut abgegeben werden. Der Rest wird im Dickdarm (vorhandenes Wasser und die Elektrolyte) resorbiert und somit der Nahrungsbrei eingedickt und zu Kot geformt. Kot wird im Rektum (Mastdarm/Enddarm) gespeichert und durch den analen Schließmuskel (After) ausgeschieden.

Ist der Hund Knochenfütterung gewöhnt, so liebt er diese und genießt
die natürliche »Zahnbürste«.

Kapitel 2
Nährstoffe

2.1 Komponenten der Nahrung

Hunde benötigen – wie alle Lebewesen – eine Vielzahl an Nährstoffen, um überleben zu können. Nährstoffe sind Bestandteile der Nahrung, die entweder Energie liefern oder für die Stoffwechselvorgänge im Körper wichtig sind. Wie zuvor bereits erläutert, reicht Fleisch alleine nicht aus. Im Prinzip benötigen auch unsere Vierbeiner Beutetiere, die ihm die notwendigen Nährstoffe liefern. Doch der Gedanke, z.B. ein Kaninchen als potenzielle Mahlzeit durch die Wohnung hoppeln zu lassen, ist etwas makaber. Und mehrmals wöchentlich beim Metzger oder im Supermarkt unversehrte Tiere zu beziehen, ist eher unmöglich. Wir können dennoch unsere Hunde artgerecht und natürlich ernähren, wenn man die Bestandteile der Nährstoffe kennt.

Diese sind: Wasser, Kohlenhydrate, Fette, Proteine, Mineralien und Vitamine.

Wasser

Proteine

Komponenten der Nahrung

Kohlenhydrate

Vitamine

Mineralien

Fett

Diese Komponenten erfüllen die Anforderungen an lebensnotwendige Nährstoffe.

Die Abbildung dient dabei lediglich der besseren Veranschaulichung, denn die einzelnen Komponenten kommen nicht nur in einer einzelnen Lebensmittelgruppe vor, sondern sind in verschiedenen Kategorien vertreten. Kohlenhydrate z.B. kommen in entsprechender Form auch im Fleisch vor und Vitamine sind ebenfalls im Fleisch oder in Innereien enthalten, nicht nur in Obst und Gemüse.

Es ist als nächstes wichtig, die Komponenten, die die Nahrung ausmachen, in der Reihenfolge ihrer Bedeutung zu betrachten.

An erster Stelle steht **Wasser**. Es ist die Grundlage allen Lebens. Das gilt auch für den menschlichen Körper!

An zweiter Stelle steht die **Energie**. Als Energie bezeichnen wir den Brennwert der organischen Bestandteile der Nahrung. Energiezufuhr ist der einzige Grund, warum der Hund überhaupt frisst.

Die einzelnen Bestandteile der Energie sind:

■ **Fett:**
Fett ist kein Dickmacher! Fette und ihre Fettsäuren sind lebenswichtige Bestandteile einer ausgewogenen Fütterung.

■ **Kohlenhydrate:**
Die Kohlenhydrate sind die wichtigsten pflanzlichen Energieträger.

■ **Proteine:**
Proteine, landläufig auch Eiweiß genannt, sind Grundbausteine aller Zellen. Diese Bausteine des Lebens dienen dem Aufbau und Erhalt von Körpersubstanz.

An dritter Stelle stehen **Vitamine:** Sie regeln vor allem den Stoffwechsel.

Den Abschluss bilden **Mineralstoffe:** Je nach Bedarf und Menge, die der Körper braucht, wird unterschieden zwischen Mengen- und Spurenelementen.

Kleine Hunde haben im Verhältnis zu großen Hunden einen höheren Energiebedarf.

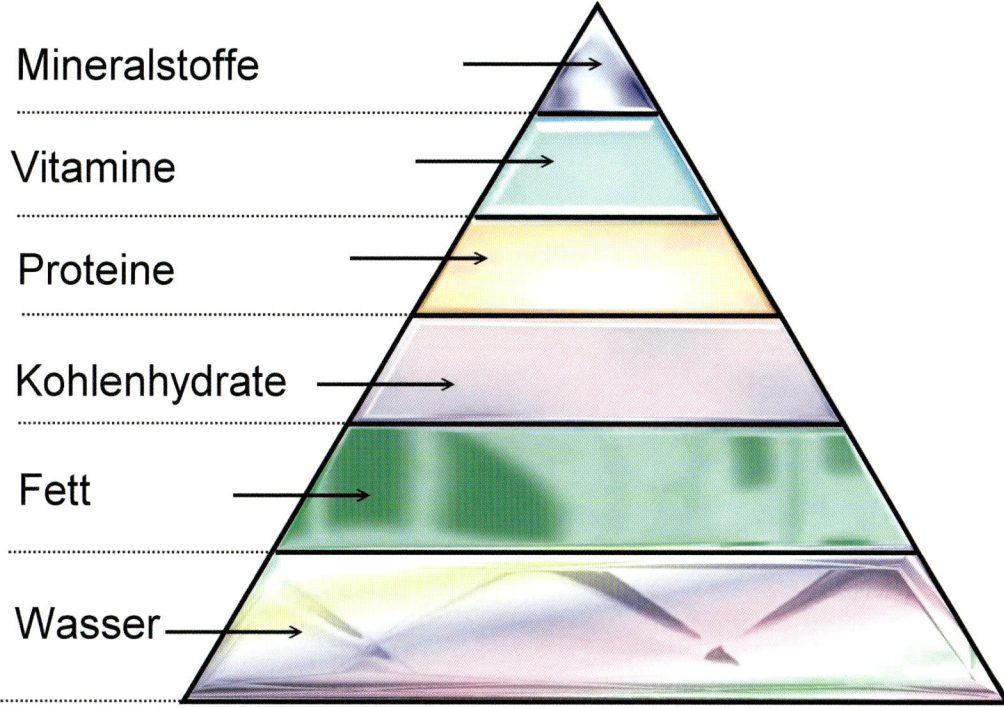

Mineralstoffe

Vitamine

Proteine

Kohlenhydrate

Fett

Wasser

Priorität der Komponenten

Die Reihenfolge und die jeweilige Bedeutung lässt sich als Pyramide darstellen. Fehlt auch nur eine dieser Komponenten, hätte das gravierende Mangelerscheinungen zur Folge! In den nachfolgenden Abschnitten werden nun die einzelnen Komponenten genau erläutert.

> In einer selbst zubereiteten Ration müssen folgende Komponenten enthalten sein: Wasser, Energie aus Fett, Kohlenhydrate und Proteine, Vitamine und Mineralstoffe. Wasser wird im gesonderten Napf angeboten. Dieses sollte einmal täglich erneuert werden und zur ständigen Verfügung stehen!

2.2 Wasser

Wasser ist die Lebensgrundlage Nr. 1: etwa 70 % des Körpers eines Hundes besteht aus Wasser. Ein Verlust von nur 10 % Körperflüssigkeit bedeutet den sicheren Tod. Im Vergleich hierzu toleriert der Organismus den beinahe vollständigen Verlust von Körperfett und über 50 % Verlust der im Körper gebundenen Proteine. Wasser dient als Lösungsmittel, es spaltet große Moleküle in kleine (Hydrolyse: Hydro, griechisch, = Wasser und lysis, griechisch, = Lösung) und löst so Stoffwechselprodukte, welche der Ausscheidung zugeführt werden. Das bedeutet, dass Stoffwechselprodukte Substanzen sind, die bei Lebewesen über die entsprechenden Organe den geschlossenen Kreislauf des Körpers verlassen. Bei Menschen und Tieren handelt es sich im wesentlichen um Schweiß, Kot und Urin.
Wasser ist Transportmedium für Blut, Sauerstoff, Nährstoffe, Schweiß, Lymphe, Sekrete

Komponente Wasser **Kristalline Gestalt von Wasser**

und Urin, regelt aber auch den Temperatur-ausgleich, denn Wasser hält über den Abtransport von Wärme die Körpertemperatur konstant.

Eine weitere Funktion besitzt Wasser noch, nämlich die eines Informationsträgers. Klingt nach esoterischem Hirngespinst, ist letztlich aber nichts als Physik. Wasser nimmt Schwingungen (Frequenzen) auf und kann diese speichern und weitergeben. Das lässt sich messen und sogar bildhaft darstellen, wie der japanische Arzt und Forscher Dr. Masaru Emoto in seinen Büchern über »Lebendiges Wasser« schreibt. Nach zwölfjähriger Arbeit gelang es ihm, die Qualität von Wasser sichtbar zu machen. Er lässt das Wasser gefrieren und fotografiert dann dessen Kristalle. Mit diesen Fotografien zeigt er, dass Wasserqualität nicht nur abhängig ist von der biologischen Reinheit oder von den enthaltenen Mineralien, sondern vor allem von den beinhalteten Informationen.[4]

2.3 Energie

Als Energie bezeichnen wir den Brennwert der organischen Bestandteile der Nahrung: Fette, Kohlenhydrate und Proteine.

Die Energie dient zur Aufrechterhaltung der Körpertemperatur und für Funktionen wie Kreislauf, Nahrungsaufnahme, Atmung, Verdauung oder Ausscheidung. Die Energie ist die begrenzende Größe bei der Futteraufnahme. Die Menge der Nährstoffe, die der Hund über das Futter zu sich nimmt, wird bestimmt über die Energiedichte des Futters, nicht über seinen Bedarf an Nährstoffen selbst. Die Energiedichte wird durch das Verhältnis der drei Nährstoffe Fett, Protein und Kohlenhydrate zueinander bestimmt. Wie hoch die Energiedichte des jeweiligen Futters ist, ergibt sich aus diesen Mengenverhältnissen. Fettreiche Nahrung z.B. ist energiereicher, weil Fett 2,25 % mehr Energie pro Gramm zur Verfügung stellen kann als Protein oder Kohlenhydrate. Wasser dagegen hat überhaupt keinen Energiewert, was auch erklärt, warum Futter mit einem hohen Feuchtigkeitsanteil eine geringere Energiedichte besitzt. Fette und Kohlenhydrate sind die Hauptlieferanten der Energiegewinnung. Proteine werden nur bei Energiemangel herangezogen (= Muskulaturverlust).

Es gibt keine Maßeinheit für Energie, der Energiegehalt im Futter wird gemessen in Wärme, die durch Verbrennung der organischen Bestandteile frei wird. Die Einheit für Wärme ist hier die Kalorie. Die Kalorie ist eine kleine Einheit, deshalb wird sie auch mit Kilokalorie = kcal angegeben. Diese Bezeichnung ist allerdings ein wenig veraltet, gebräuchlicher ist heutzutage die Einheit Joule, bzw. Kilojoule = kJ. Zur Umrechnung multipliziert man die Kalorienangabe mit 4,18 und erhält die entsprechenden Kilojoule.

Beispiel: 1000 kcal x 4,18 = 4180 kJ oder 4,18 MJ (Megajoule)

Aus der chinesischen Ernährungslehre stammt die Vorstellung, dass die einzelnen Komponenten der Energie unterschiedliche Qualitäten liefern.

Folgende Bilder veranschaulichen dies:

Kerze: Mit dem gleichmäßigen Brennen einer Kerze wird die Energiegewinnung aus den Fetten verglichen. Sie ist die **langfristigste** Energieversorgung und damit die ökonomischste und ökologischste für den Hund (wenig Schlacken, geringe Hitze). Auch die Physiologie der Verdauung gibt einige Hinweise darauf, dass der Hund ein guter Verwerter hochwertiger Nahrungsfette ist.

Bildliche Darstellung für Energie: Fett

Streichholz: Es symbolisiert die Verbrennung von Kohlenhydraten – mittelfristige Energiegewinnung.

Bildliche Darstellung für Energie: Kohlenhydrate

Feuerzeug: Es symbolisiert die Verbrennung von Proteinen – schnell, mit hoher Temperatur und Rußbildung (= Stoffwechselschlacken).

Bildliche Darstellung für Energie: Protein

Energie ist der Brennwert der Nahrung; Fette, Kohlenhydrate und Proteine. Die Menge der Nährstoffe wird bestimmt durch die Energiedichte des Futters. Die Energiedichte wird durch das Verhältnis der drei Nährstoffe Fett, Protein und Kohlenhydrate zueinander bestimmt. Fettreiche Nahrung z.B. ist energiereicher, weil Fett 2,25 % mehr Energie pro Gramm zur Verfügung stellen kann als Protein oder Kohlenhydrate. Wasser dagegen hat überhaupt keinen Energiewert, deshalb besitzt Futter mit einem hohen Feuchtigkeitsanteil (z.B. Dosenfutter) eine geringere Energiedichte.

2.3.1 Fette und Fettsäuren

Die Energiegewinnung aus den Fetten steht an erster Stelle und ist die **langfristigste** Energieversorgung. Maßgebend für einen Hund sind tierische wie pflanzliche Fette.

Chemisch gesehen bestehen Fette aus Kohlenstoff (C), Wasserstoff (H) und Sauerstoff (O). Aus diesen Grundstoffen werden unter anderem die Bausteine der Fettsäuren (organische Säuren) gebildet. Diese unterteilen sich in gesättigte bis mehrfach ungesättigte Fettsäuren.

Für den Hund dienen Fette der Energiegewinnung, als Träger der fettlöslichen Vitamine A, D, E und K und als Lieferant von essenziellen Fettsäuren. Essenziell bedeutet, dass es sich um lebensnotwendige Stoffe handelt, die der Körper nicht selber bilden kann und deshalb von außen zugeführt werden müssen.

Tierische Fette

Die tierischen Fette enthalten im Allgemeinen mehr gesättigte Fettsäuren (Stearinsäure) als pflanzliche Fette.

Tierische Fette, die u.a. in Fleisch, Butter, Schmalz, Sahne, Kokosfett vorkommen, dienen dem Hund zur Energiegewinnung, sie sind also nichts anderes als reine Energieträger.

Fallen keine zusätzlichen Leistungen wie z.B. bei Trächtigkeit oder körperlicher Arbeit an, wird vom Erhaltungsstoffwechsel bzw. dem Erhaltungsbedarf gesprochen. Der tägliche Energiebedarf im Erhaltungsstoffwechsel wird mit 5 bis 20 % tierischem Fett gedeckt, dies ist meistens bereits im Fleisch selber vorhanden. Ein höherer Fettanteil ist bei erhöhtem Energiebedarf, wie z.B. Wachstum, Laktation (Milchabgabe bei Säugetieren), körperlicher Anstrengung, Rekonvaleszenz (Genesung) von Vorteil. Wenn allerdings der Fettanteil die Verdauungskapazität übersteigt, kann es zu Durchfällen bzw. Entzündung der Bauchspei-

Pflanzliches Fett

Tierisches Fett

cheldrüse kommen. Deshalb muss der Fettanteil stets auf den individuellen Hund und die jeweilige Situation abgestimmt werden.

Eine leichte Senkung des Fettanteils in der Nahrung kann für ältere Hunde von Nutzen sein, vorausgesetzt, dass das in der Ration verbleibende Fett sowohl hoch verdaulich wie reich an ungesättigten Fettsäuren ist.

Pflanzliche Fette – Fettsäuren

Fettsäuren zählen zu den Lipiden. Lipide (griechisch = Fett) ist eine Sammelbezeichnung für ganz oder zumindest größtenteils wasserunlösliche Nährstoffe. Fettsäuren unterteilen sich in gesättigte und ungesättigte Fettsäuren, welche unterschiedliche Aufgaben haben.

Während die gesättigten Fettsäuren zur Energiegewinnung benötigt werden, haben ungesättigte Fettsäuren wichtige Funktionen im Stoffwechsel und sind durch nichts anderes zu ersetzen.

Kaltgepresste Öle z.B. sind reich an ungesättigten Fettsäuren, Vitamin E und Vitamin B. Die flüssige Substanz besteht zu 99 % aus Fett. Dieses ist hochverdaulich und erfüllt viele wichtige Funktionen im Stoffwechsel, weshalb sowohl dem Hund, als auch der Katze diese Fette unbedingt mit der Nahrung zugeführt werden müssen. Bei Haut- und Fellproblemen hat sich die Anwendung von Ölen bewährt. Leinsamenöl ist für seine beruhigende Wirkung auf Magen und Darm bekannt.

Die pflanzlichen Öle enthalten mehr ungesättigte Fettsäuren als tierische Fette. Hühnerfett weist allerdings als tierisches Fett relativ viele ungesättigte Fettsäuren auf.

Die ungesättigten Fettsäuren unterteilen sich nochmals in einfach ungesättigte und mehrfach ungesättigte. Je flüssiger z.B. ein Öl ist, desto mehr ungesättigte Fettsäuren enthält es.

Es gibt folgende Fettsäuren:

■ gesättigte Fettsäure (Stearinsäure)
■ einfach ungesättigte Fettsäure (Ölsäure)
■ mehrfach ungesättigte Fettsäure

Mehrfach ungesättigte Fettsäuren unterteilen sich in:

■ zweifach ungesättigte Fettsäure (Linolsäure)
■ dreifach ungesättigte Fettsäure (Alpha-Linolensäure, Gamma-Linolensäure)
■ vierfach ungesättigte Fettsäure (Arachidonsäure)
■ fünffach ungesättigte Fettsäure (Eicosapentaensäure)
■ sechsfach ungesättigte Fettsäure (Docosahexaensäure)

Omega-3-Fettsäuren und Omega-6-Fettsäuren sind spezielle Gruppen innerhalb der mehrfach ungesättigten Fettsäuren, sie gehören zu den essentiellen Fettsäuren.

Bekannte Omega-3-Fettsäuren sind:

■ Alpha-Linolensäure (á-Linolensäure)
■ Eicosapentaensäure (EPA)
■ Docosahexaensäure (DHA)

Omega-3-Fettsäuren beugen Herzrhythmusstörungen vor, sie senken Blutfette (Triglyceride) und besitzen zahlreiche weitere, positive Wirkungen auf Gefäßfunktion und Blutdruck, sind entzündungshemmend und vieles andere mehr.

EPH- und DHA-Fettsäuren sind Bestandteile der Zellmembranen (Biomembran, die die lebende Zelle umgibt und ihr inneres Milieu aufrecht erhält) und wirken modulierend auf die Funktionen verschiedenster Zellen. Deswegen gibt es nicht nur einen einzigen Wirkmechanismus dieser beiden Omega-3-Fettsäuren, sondern verschiedenste.

EPA ist ein farbloses Öl und findet sich vor allem in Seefischen wie dem Atlantischen Hering oder dem Lachs. Es wird im Körper in geringen Mengen aus der essentiellen á-Linolensäure gebildet. Enthalten ist á-Linolensäure vor allem in Pflanzenölen wie Leinöl.

EPA ist für den Stoffwechsel besonders wichtig, es wird dabei selbst weiter zur DHA verstoffwechselt. Sowohl die Stärkung des Immunsystems und die Blutgerinnung werden von der EPA unterstützt, als auch die Regulierung der Herzfrequenz und des Blutdrucks.

Als mehrfach ungesättigte Fettsäure gehört außerdem DHA der Gruppe der Omega-3-Fettsäuren an und kommt, ebenso wie die EPA, in Seefischen als farbloses Öl vor, vor allem im Lachs und im Atlantischen Hering.

DHA hat vor allem Bedeutung als funktioneller Bestandteil im Nervengewebe und in der Netzhaut des Auges. Die empfehlenswerte Nahrungsergänzung Lachsöl besitzt einen sehr hohen EPA- und DHA-Gehalt.

Die Nahrungsergänzung Lebertran besitzt neben dem EPA- und DHA-Gehalt auch die wichtigen fettlöslichen Vitamine A und D. Vitamin D ist für den Calcium- und Phosphatstoffwechsel und damit für den Zahn- und Knochenaufbau äußerst wichtig. Vitamin A ist wichtig für Wachstum, Funktion und Aufbau von Haut und Schleimhäuten, Blutkörperchen, Stoffwechsel sowie für den Sehvorgang.

Ein Mangel an Omega-3-Fettsäuren in der Nahrung wird mit dem gehäuften Auftreten typischer Krankheiten wie Krebs, rheumatische Arthritis und andere entzündliche Erkrankungen, Blutverklumpung und Immunschwäche in Verbindung gebracht.

Bekannte Omega-6-Fettsäuren sind:
- Linolsäure
- Gamma-Linolensäure
- Arachidonsäure

Die Linolsäure ist eine der wichtigsten Fettsäuren für den Hund und dient zur Erhaltung eines dichten und glänzenden Felles. Sie verhindert die Austrocknung von Haut und Haar und beugt dem Fellverlust vor. Die Linolsäure ist essentiell. Hunde benötigen nur Linolsäure als Nahrungszusatz, Katzen dagegen sowohl Linol- als auch Arachidonsäure. Werden dem Körper des Hundes zweifach ungesättigte Fettsäuren zugeführt (Linolsäure), ist er in der Lage, selbst dreifach ungesättigte, lebenswichtige Fettsäuren (Linolensäure, Alpha-Linolensäure, Gamma-Linolensäure) in der Leber zu bilden. Die Linolensäure hat große Bedeutung für die Unversehrtheit der Zellmembranen und der Funktion des zentralen Nervensystems.

Arachidonsäure ist ein Ausgangsprodukt für die Synthese von Prostaglandinen (Gewebshormone) mit sehr unterschiedlichen Wirkungen.

Arachidonsäure ist eine mehrfach ungesättigte Fettsäure und gehört zu den Omega-6-Fettsäuren. Sie wird in geringen Mengen im Körper aus der essentiellen Linolsäure gebildet. Der weitaus größte Teil der Arachidonsäure wird mit der Nahrung aufgenommen. Enthalten ist Arachidonsäure ausschließlich in Nahrungsmitteln tierischer Herkunft. So wie die Arachidonsäure einen Entzündungsprozess

Der durchschnittliche Gehalt von Lebertran und Lachsöl		
Inhaltsstoffe	Lebertran	Lachsöl
Eicosapentaensäure (EPA)	12 %	18 %
Docosahexaensäure (DHA)	8 %	12 %
Vitamin A IE/g	>850	<1
Vitamin D IE/g	>85	<1
Vitamin E mg/g	0	2–4

fördert, gibt es auch Substanzen, die einen Entzündungsprozess hemmen und sozusagen als Gegenspieler dienen. Eine solche Substanz ist die Omega-3-Fettsäure Eicosapentaensäure (EPA). In Kapitel 4.10 *Fütterung bei Gelenkserkrankungen* werde ich darauf näher eingehen.

Mangel an Omega-3-/Omega-6-Fettsäuren hat schwere Stoffwechselstörungen zur Folge!

Die Omega-9-Fettsäure ist eine einfach ungesättigte Fettsäure (Ölsäure)und stellt für den Hund keine große Bereicherung dar. Sie ist nicht essentiell, der Körper ist also in der Lage, sie aus anderen Fettsäuren herzustellen. In Oliven- oder Rapsöl kommen einfach ungesättigte Fettsäuren beispielsweise vor.

Ölsäure ist im Vergleich zu den mehrfach ungesättigten Fettsäuren (z.B. Linolensäure) nur wenig oxidationsempfindlich.

Gesättigte Fettsäuren sind z.B. enthalten in: Fleisch, Butter, Schmalz, Sahne, Kokosfett.

Einfach ungesättigte **Omega-9**-Fettsäuren sind z.B. enthalten in Olivenöl, Rapsöl, Nüssen.

Mehrfach ungesättigte **Omega-6**-Fettsäuren sind z.B. enthalten in Lein-, Schwarzkümmel-, Sesam-, Borretsch-, Mais-, Sonnenblumen-, Nachtkerzenöl, tierischen Fetten (Geflügel, Schwein).

Mehrfach ungesättigte **Omega-3**-Fettsäuren sind z.B. enthalten in Lein-, Hanf-, Walnuss-, Lachsöl, Lebertran, aber auch im Fett von Makrele, Lachs, Hering, Forelle und Thunfisch.

Wenn in einer ausgewogenen Futterration große Mengen an Pflanzenöl zugesetzt werden, muss gleichzeitig auch der Vitamin-E-Gehalt der Ration gesteigert werden, denn nicht nur der Organismus selber benötigt Vitamin E, sondern auch pflanzliche Öle beanspruchen dieses zusätzlich, um die enthaltenen ungesättigten Fettsäuren vor Oxidation zu schützen.

Omega-3-6-Fettsäurenverhältnis
Wichtig bei den Omega-3-6-Fettsäuren ist das optimale Verhältnis zueinander:
Das optimale Gesamtverhältnis von Omega-3- zu Omega-6-Fettsäuren liegt bei 1:5.

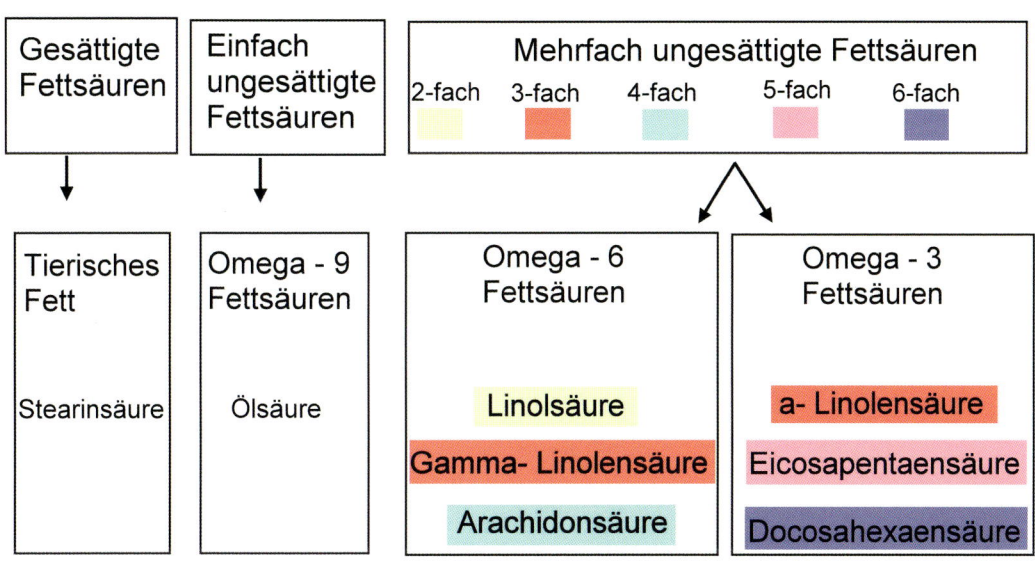

Eine Übersicht der verschiedenen Fettsäuren

Ein Teil Omega-3-Fettsäuren auf fünf Teile Omega-6-Fettsäuren.

Omega-3-Fettsäuren beeinflussen das Nervensystem positiv, sind Bestandteil der Zellwände und stärken die Sehfähigkeit.
Omega-6-Fettsäuren sind u.a. wichtig für die Hautgesundheit, die Ausscheidung giftiger Stoffe und den Muskelaufbau.
Omega-6-Fettsäuren begünstigen aber auch, bei entsprechender Neigung, Entzündungen, Tumorentstehung und -wachstum sowie Herzerkrankungen, wenn Omega-3-Fettsäuren nicht als sogenannte Gegenspieler entgegenwirken.
Bei überwiegender Omega-6-Zufuhr werden also Omega-3-Fettsäuren nicht mehr verstoffwechselt.
Leinöl besitzt den mit Abstand höchsten relativen Anteil an Omega-3-Fettsäuren (in Form von Linolensäure) mit einem Verhältnis von Omega-3 zu Omega-6 von etwa 3:1, gefolgt von Hanföl (1:3). Ein weiteres geeignetes Speiseöl ist Walnussöl (1:6).
Da selbst erstellte Futterrationen (Fleischmahlzeiten) lediglich Omega-6-Fettsäuren, aber **keine** Omega-3-Fettsäuren aufweisen, muss der Anteil an Omega-3-Fettsäuren in Abhängigkeit der jeweiligen Mahlzeit gesteigert werden, um Defizite im Verhältnis Omega-3- zu Omega-6-Fettsäuren auszugleichen. Mit Leinöl beispielsweise haben wir einen Anteil von drei Teilen Omega-3-Fettsäuren zu einem Anteil Omega-6-Fettsäuren. Wie viel Leinöl allerdings benötigt wird, um ein Ungleichverhältnis der Omega-3-Fettsäure zur Omega-6-Fettsäure aufzuheben, ist pauschal nicht zu beantworten. Es kommt immer auf die Menge der Fleischmahlzeit und anderer Dinge an. In Kapitel 4.4 *Futterplan für eine Woche* wird ersichtlich, welche Mengen jeweils benötigt würden.
Ich höre in der Praxis häufig, dass Oliven-, Sonnenblumen- oder Distelöl zum Einsatz kommen. Diese haben einen sehr hohen Omega-6-Anteil, aber, außer dem Olivenöl mit einem sehr geringen Anteil von 1 %, keinen Omega-3-Gegenspieler. Deshalb sind Olivenöl mit einem Verhältnis von Omega-3 zu Omega-6 von ca. 1:11, Maiskeimöl von ca. 1:50, Sonnenblumenöl von ca. 1:120 und Distelöl von ca. 1:150 nicht für den Hund geeignet.
In einer selbst hergestellten Futterration für den Hund sollten also als Grundversorgung stets Hanf- oder Leinöl zum Einsatz kommen. Abwechselung ist dabei sehr sinnvoll. Die Öle können täglich, aber auch flaschenweise gewechselt werden.
Walnussöl, Nachtkerzenöl (Oenothera biennis) und Schwarzkümmelöl sollten, je nach körperlicher Verfassung, ebenfalls zum Speiseplan hinzugenommen werden.
Walnussöl wirkt Entzündungen entgegen und senkt den Cholesterinspiegel.
Nachtkerzenöl eignet sich aufgrund des hohen Gamma-Linolensäureanteils besonders bei allergischen Erkrankungen/Hauterkrankungen oder bei Entzündungsneigung.

Fettsäurenverhältnisse im Vergleich

Fettsäuren	Hanföl	Leinöl	Olivenöl	Sonnenblumenöl	Distelöl
Ölsäure (Omega-9)	ca. 13 %	ca. 18 %	ca. 75 %	ca. 35 %	ca. 19 %
Linolsäure (Omega-6)	ca. 52 %	ca. 13 %	ca. 8 %	ca. 60 %	ca. 74 %
a-Linolensäure (Omega-3)	ca. 20 %	ca. 49 %	ca. 1 %	nur Spuren	nur Spuren
Gamma-Linolensäure (Omega-6)	ca. 3 %	0 %	0 %	0 %	0 %

Die bedeutendsten Öle in der Ernährung des Hundes

Fettsäuren	Hanföl	Leinöl	Walnussöl	Nachtkerzenöl	Schwarzkümmelöl
Ölsäure (Omega-9)	ca. 13 %	ca. 18 %	ca. 16 %	ca. 6–10 %	ca. 25,5 %
Linolsäure (Omega-6)	ca. 52 %	ca. 13 %	ca. 58 %	ca. 70–77 %	ca. 58,5 %
a-Linolensäure (Omega-3)	ca. 20 %	ca. 49 %	13,5 %	ca. 0,5 %	1 %
Gamma-Linolensäure (Omega-6)	ca. 3 %	0%	6,00 %	ca. 9–10 %	0,20 %

Schwarzkümmelöl unterstützt das Immunsystem und wirkt positiv auf die Atemwege.
Neben Lachsöl und Lebertran (siehe Tabelle S. 38) können folgende Öle zum Einsatz kommen (siehe Tabelle oben).
Aus den mehrfach ungesättigten Fettsäuren werden außerdem im Körper Gewebshormone, die sogenannten Eicosanoide, gebildet.
Gamma-Linolensäuren (Omega-6) werden oft als die »guten« Eicosanoide bezeichnet, da sie gegen Entzündung, Schmerzleitung usw. wirken.
Eicosapentaensäuren (Omega-3) zählen ebenfalls zu den »guten« Eicosanoiden.
Arachidonsäuren (Omega-6) werden oft als die »bösen« Eicosanoide bezeichnet, da sie bei Neigung zu Entzündung, Schmerzleitung usw. diese verschlimmern können. Als Gegenspieler kommt hier die Omega-3-Fettsäure Eicosapentaensäure (EPA) zum Einsatz.
Bei der Verwendung von Ölen ist also besonders auf Omega-3-Fettsäuren Wert zu legen, da Omega-6-Fettsäuren bereits natürlich im Fleisch vorkommen.
Einen besonders hohen Gehalt an Omega-3-Fettsäuren haben Fischöle. Da Hunde sowohl tierische, als auch pflanzliche Fette benötigen, sollten beide im Futter enthalten sein.

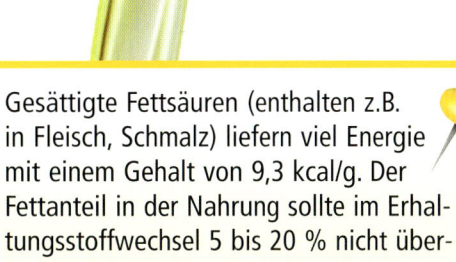

Gesättigte Fettsäuren (enthalten z.B. in Fleisch, Schmalz) liefern viel Energie mit einem Gehalt von 9,3 kcal/g. Der Fettanteil in der Nahrung sollte im Erhaltungsstoffwechsel 5 bis 20 % nicht übersteigen.
Die ungesättigten Fettsäuren haben hingegen wichtige Funktionen im Stoffwechsel und sind durch nichts anderes zu ersetzen. Das Verhältnis Omega-3- zu Omega-6-Fettsäuren ist 1:5. Abwechselnde Fütterung von Lein-, Hanf-, Walnuss-, Lachsöl und Lebertran ist ratsam.
Kaltgepresste Öle sind heißgepressten Ölen vorzuziehen und sollten niemals erhitzt werden!

2.3.2 Kohlenhydrate

Die Energiegewinnung aus Kohlenhydraten ist die mittelfristige Energieversorgung. Kohlenhydrate sind eine Gruppe organischer Verbindungen und spielen nach den Fetten die zweitwichtigste Rolle als Energielieferant für den Hund.

Chemisch gesehen bestehen Kohlenhydrate, wie auch Fette, aus Kohlenstoff (C), Wasserstoff (H) und Sauerstoff (O). Kohlenhydrate entstehen durch Photosynthese (griechisch: Licht; sýnthesis: Zusammensetzung) in den Pflanzen mit Hilfe von Licht (Sonnenenergie) und Chlorophyll. Chlorophyll (oder Blattgrün) sind natürliche Farbstoffe, die von Photosynthese betreibenden Organismen gebildet werden.

Pflanzen haben die Fähigkeit, aus Kohlenstoffdioxid (CO_2) und Wasser (H_2O) Kohlenhydrate aufzubauen und dabei Sauerstoff (O2) auszuscheiden. Kohlenstoffdioxid und Wasser werden umgewandelt in die energiereiche organische Verbindung Traubenzucker und in Sauerstoff. Für diesen Vorgang benötigt die Pflanze Licht, deshalb wird dieser Vorgang als Photosynthese bezeichnet.

Kohlenhydrate steht für verschiedene Stoffe mit unterschiedlichen Eigenschaften und Funktionen. Sie dienen Zellen und Organismen als Energiequelle, Reservestoff und Gerüstsubstanz. Sie kommen in allen Pflanzen vor und sind ein notwendiger Bestandteil in der Ernährung eines Hundes. Unverdauliche Kohlenhydrate werden als Ballaststoffe bezeichnet.

Grundbausteine aller Kohlenhydrate sind Monosaccharide (Einfachzucker) wie Glucose (umgangssprachlich Traubenzucker oder Dextrose), Fructose (umgangssprachlich Fruchtzucker) oder Galactose (umgangssprachlich Schleimzucker, da in verschiedenen Schleimhäuten vorkommend).

Glucose und Fructose sind die wichtigsten Zuckerarten des Stoffwechselsystems. Sie sind Energieträger und dienen als Zellbausteine. Sie können sich zu Disacchariden (Zweifachzucker), Trisacchariden (Dreifachzucker) oder Polysacchariden (Vielfachzucker) verbinden.

Zum besseren Verständnis die wichtigsten Kohlenhydrate in Lebensmitteln vereinfacht dargestellt:

Photosynthese

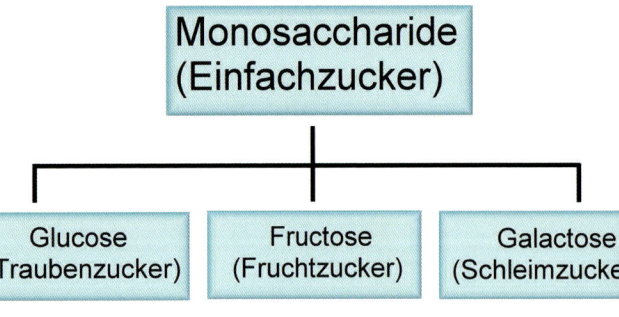

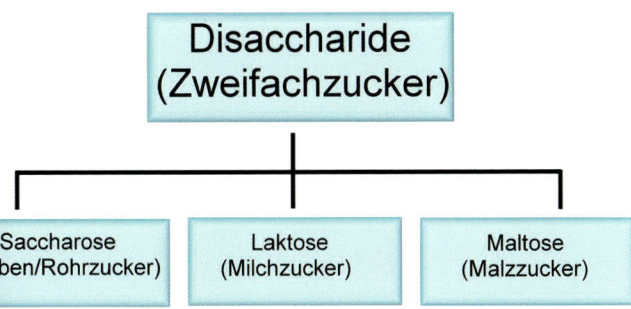

Disaccharide
(Zweifachzucker)

| Saccharose ben/Rohrzucker) | Laktose (Milchzucker) | Maltose (Malzzucker) |

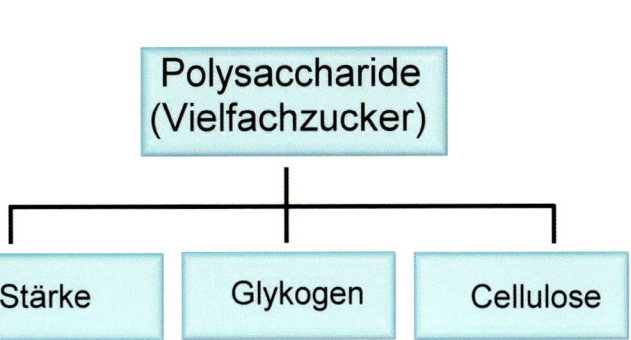

Polysaccharide
(Vielfachzucker)

| Stärke | Glykogen | Cellulose |

1.2. Grundbaustein Fructose

(Fruchtzucker) ist enthalten in Obst und Honig.

Fructose

1. Monosaccharide

Zum **Einfachzucker** zählen Glucose, Fructose und Galactose.

1.1. Grundbaustein Glucose (Traubenzucker) ist enthalten in Obst und Gemüse.

Glucose

Galactose

1.3. Galactose

(Schleimzucker) ist ein weiterer Baustein aus Einfachzucker, enthalten in Milch. Milch wird in Kapitel 3 *Fütterung in der Praxis* noch gesondert behandelt.

2. Disaccharide

Zum **Zweifachzucker** zählen **Saccharose, Lactose** und **Maltose.**

2.1. Saccharose (Rüben- und Rohrzucker) ist enthalten in Zuckerrübe, Zuckerrohr, Haushaltszucker, Kandis.

Saccharose

2.2. Lactose (Milchzucker) ist enthalten in Milch und Milchprodukten.

Lactose

2.3. Maltose (Malzzucker) ist enthalten in Gerste, Bier und Malzextrakt.

Maltose

3. Polysaccharide

Zum Vielfachzucker zählen Stärke, Glykogen und Cellulose, aber auch Schleimstoffe.

3.1. Stärke ist enthalten in Getreide, Kartoffeln und Hülsenfrüchten. Durch Enzyme (z.B. Amylasen) kann Stärke gespalten werden. Sowohl der menschliche, als auch der Körper des Tieres, kann somit Energie aus Stärke gewinnen.

Stärke

3.2. Glykogen, Bestandteil der Stärke, ist enthalten in Leber- und Muskelzellen. Bei einem Überangebot von Kohlenhydraten wird dort Glykogen aufgebaut.

Bei gesteigertem Energiebedarf des Körpers wird das in der Leber gespeicherte Glykogen wieder zu Glucose aufgespalten und dem Gesamtorganismus zur Verfügung gestellt.

Die **Muskelzellen** nutzen Glykogen ausschließlich zur Deckung ihres eigenen Energiebedarfs.

3.3. Cellulose ist enthalten in allen Pflanzen. Cellulose, Hemicellulose (kurzkettige Cellulose), Pektin und Lignin (Lignin bewirkt die Verholzung der Zelle), bilden den Hauptanteil der **Ballaststoffe** in Lebensmitteln pflanzlicher Herkunft.

Der Hund – wie auch der Mensch – besitzt keine Verdauungsenzyme für den Abbau von Cellulose.

Ballaststoffe sind allerdings wichtig für eine gesunde Darmflora und enthalten wasserunlösliche (Füllstoffe) und wasserlösliche (Quellstoffe) Komponenten.

Ballaststoffe sind unverdauliche Nahrungsbestandteile. Wenn sie Magen und Dünndarm passieren, ohne von Verdauungsenzymen zerlegt zu werden, erreichen sie unverdaut den Dickdarm, wo sie ihre wichtigen Funktionen erfüllen. **Unlösliche Ballaststoffe** haben vor allem die Aufgabe, das Volumen des Darminhalts zu erhöhen und damit die Darmbewegungen anzuregen. Dies ist erforderlich für einen ungestörten, regelmäßigen Kotabsatz und hilft Verstopfungen zu vermeiden. Eine gesunde Peristaltik und regelmäßiger Kotabsatz erschwert es, krankmachenden Keimen (Pathogenen) aus dem Dickdarm in die Regionen des Dünndarms aufzusteigen.

Unlösliche Ballaststoffe tragen somit zur Darmgesundheit, Vermeidung von Verstopfung, aber auch Durchfall bei.

Die **löslichen Ballaststoffe** haben andere Funktionen: Sie werden von Bakterien des Dickdarms als Nahrung verwendet und unterstützen die gesunde Darmflora, indem sie von den Schleimhautzellen der Darmwand aufgenommen und als Energielieferanten verwendet werden. Auf diese Weise tragen lösliche Ballaststoffe zur Regeneration und Gesunderhaltung des Darms bei.

Daraus folgt, dass sowohl lösliche, wie auch unlösliche Ballaststoffe wichtige Bestandteile der selbsterstellten Futterration sind.

Im Bereich der Tierernährung werden die Ausdrücke Rohfaser und Ballaststoff oftmals gleichgesetzt. Das kommt daher, dass Rohfaser ein lange verwendeter Ausdruck ist. Der Begriff Rohfaser stammt aus der Futtermittelanalyse, genauer aus der bereits 1864 begründeten Weender Analyse. Die Weender Analyse erfasst die verschiedenen Futtermittelkomponenten in ihrem Verhältnis zueinander und hat den Sinn, eine grobe Einschätzung der Verdaulichkeit zu ermöglichen. »Der Wert »Rohfaser« beschreibt eine uneinheitliche Gruppe schlecht bis nicht verdaulicher Futterbestandteile: Zellulose sowie die unlöslichen Bestandteile von Hemizellulose, Lignin und Pektin.«[5]

Somit darf Rohfaser nicht gleichgestellt werden mit Ballaststoffen, obwohl diese ebenfalls eine faserige Struktur wie Rohfaser besitzen. Rohfaser ist nur zu ca. einem Drittel aus der wasserunlöslichen Cellulose in Ballaststoffen enthalten.

3.4. Schleimstoffe pflanzlicher Herkunft sind enthalten in Getreidekörnern und Algen. **Schleimstoffe tierischer Herkunft** sind enthalten im Magensaft, in Knorpel, Sehnen und in der Haut.

Die Hauptfunktion von Schleimstoffen liegt in der Aufnahme von Wasser, mit welchem sie ein schleimartiges Gel bilden, was als Schutzsubstanz dienen kann. Sie wirken vor allem im Magen-Darm-Trakt, indem sie das Darmvolumen steigern und damit den Stuhlgang regulieren, aber auch um Giftstoffe aufzusaugen, Entzündungen zu hemmen oder den Blutzucker zu senken. Pflanzliche Schleimstoffe kommen in Getreidekörnern, aber auch in Algen vor. In der natürlichen Hundeernährung (= Frischfütterung) ist Leinsamenschleim (Leinsamen sind Samen des Flachs) besonders bekannt. Leinsamen wird in Kapitel 3 *Fütterung in der Praxis* noch gesondert behandelt.

Schleimstoffe

Die Kohlenhydrate, die in der Ernährung eines Hundes gefüttert werden können, sind Obst, Gemüse, Salat, Honig, Milchprodukte, Getreide, Getreideprodukte.

Kohlenhydrate

Aus Kohlenhydraten bestehende Ballaststoffe

Wasserlösliche Ballaststoffe (Quellstoffe):

Pektine aus Obst (z.B. in Äpfeln) und Gemüse (z.B. in Möhren). Äpfel und Möhren besitzen deshalb eine durchfallhemmende Wirkung.
Wiederholt erhitzte Stärke, beispielsweise in aufgewärmten Kartoffeln.
Inulin z.B. aus Chicorée. Inulin ist die Nahrungsquelle der Darmbakterien.

Quellstoffe

Wasserunlösliche Ballaststoffe (Füllstoffe):

Ganze Getreidekörner wie Leinsamen oder auch Kleie (Schalen der Getreidekörner).

Füllstoffe

Kohlenhydrate sind reine Energielieferanten. Der Energiegehalt von Kohlenhydraten entspricht in etwa 4,2 kcal pro Gramm.

Hauptlieferanten für Kohlenhydrate sind Lebensmittel pflanzlicher Herkunft wie Obst, Gemüse, Salat, Getreide, Getreideprodukte (Reis, Nudeln, Haferflocken).

Ballaststoffe, die auch zu den Kohlenhydraten zählen, sind die unverdaulichen Bestandteile von Lebensmitteln pflanzlicher Herkunft und fördern eine gesunde Darmflora.

Rohfaser/Cellulose sind nicht gleich Ballaststoffe, sondern ein wasserunlöslicher Bestandteil der Ballaststoffe.

Insgesamt ist der Gehalt an Kohlenhydraten im Fleisch so gering, dass er ernährungsphysiologisch nicht von Bedeutung ist.

2.3.3 Proteine

Die Energiegewinnung aus Proteinen ist die **kurzfristigste** Energieversorgung. Als Strukturproteine sind sie für den Muskelaufbau verantwortlich! Protein speichert – wie Fett – Energie. Diese wird aber nur im Notfall, das heißt bei Mangel an Fetten (z.B. bei einer Reduktionsdiät), zur Energiegewinnung herangezogen. In diesen Fällen werden die Muskeleiweißstoffe abgebaut. Daraus resultiert ein hoher Muskulaturverlust!

Proteine (umgangssprachlich Eiweiß) bestehen aus einer relativ großen Molekülmasse, die ihrerseits aus Aminosäuren (Bausteine der Proteine) zusammengesetzt sind. Proteine sind Grundbausteine allen Lebens und erfüllen in allen Bereichen des Hundekörpers wichtige Aufgaben verschiedenster Art.

Proteine enthalten im Gegensatz zu Fetten und Kohlenhydraten Stickstoff und Schwefel, welche für den Körper essentielle Stoffe dar-stellen.

Lebenswichtig ist allerdings nicht das Protein selbst, sondern seine Bausteine, die Amino-säuren. Bei der Proteinaufnahme kommt es daher nicht nur auf die Menge, sondern auch auf die Art bzw. Zusammensetzung (biologi-sche Wertigkeit) der Eiweiße an. Da die mit der Nahrung aufgenommenen Proteine eine an-dere Aminosäurenkombination haben als die Proteine im Körper eines Hundes, werden sie im Darm durch Enzyme in ihre Bestandteile (= Aminosäuren) zerlegt. Nach dem Passieren der Darmwand werden sie im Körper wieder entsprechend der Anforderung des Körpers neu zusammengesetzt.

Jedes Protein ist ganz individuell aufgebaut, was bedeutet, dass die Aminosäuren in einer bestimmten Reihenfolge stehen. Diese Anord-nung wird als Sequenz bezeichnet. Jede Pro-teinart besitzt dadurch ganz spezifische Eigen-schaften. Die körpereigenen Proteine werden aus ca. 20 verschiedenen Aminosäuren aufge-baut. Man unterscheidet zwischen nichtessen-tiellen Aminosäuren, die im Körper syntheti-siert (hergestellt) werden, und den **10 essen-tiellen Aminosäuren**, die nicht vom Körper aufgebaut werden können und mit der Nah-rung zugeführt werden müssen.

Essentielle Aminosäuren sind:

Arginin, Histidin, Isoleucin, Leucin, Lysin, Met-hionin, Phenylalanin, Threonin, Thryptophan, Valin.

Essentielle Aminosäuren kommen in Proteinen von Fleisch, Fisch, Milchprodukten, Eiern und Käse vor.

Nicht-essentielle Aminosäuren sind:

Alanin, Asparagin, Asparaginsäure, Cystein, Glutamin, Glutaminsäure, Glycin, Prolin, Serin, Tyrosin.

Proteine besitzen folgende Eigenschaf-ten im Körper:

■ **Speicherproteine**, z.B. Ferritin, speichern Eisen. Ferritin (lat. ferrum = Eisen) ist ein Protein, das in Tieren, Pflanzen und Bakte-rien vorkommt.

■ **Bewegungsproteine**, z.B. Myosin (Fami-lie von Motorproteinen), sorgen in den Skelettmuskeln für das Zusammenziehen der Muskeln.

■ **Transportproteine**, z.B. Hämoglobin, transportieren Sauerstoff. Als Hämoglobin bezeichnet man den eisenhaltigen roten Blutfarbstoff in den roten Blutkörperchen (Erythrozyten).

■ **Strukturproteine**, z.B. Kollagen (Struk-turprotein), in Sehnen und Muskeln geben dem Körper Festigkeit und Formbeständig-keit.

Je näher das Aminosäuren-Muster des Nah-rungsproteins dem des Körpers kommt, desto weniger muss davon verzehrt werden, und umso höher ist seine biologische Wertigkeit. Wie bei einem Bausatz können die einzelnen Proteine nur produziert werden, wenn alle Tei-le in den benötigten Mengen vorhanden sind. Aus diesem Grund müssen die Aminosäuren, die der Körper nicht selbst herstellen kann, in bedarfsdeckender Menge zugeführt werden. Sehr bedeutende proteinhaltige Nahrungsmit-tel für den Hund sind:

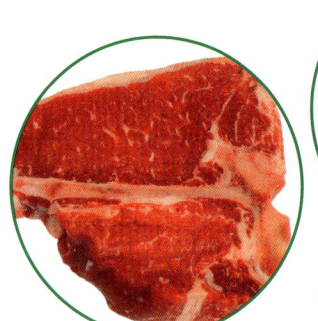

Proteine aus Fisch

Proteine aus Fleisch

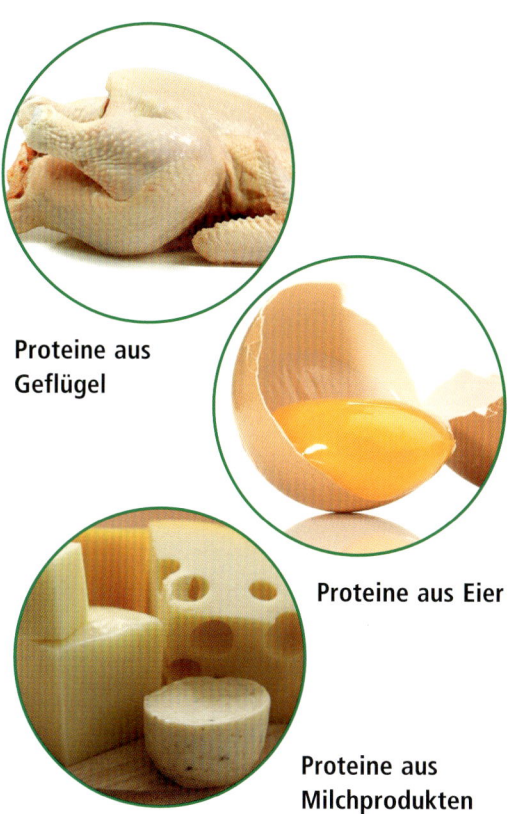

Proteine aus Geflügel

Proteine aus Eier

Proteine aus Milchprodukten

Nüsse und Hülsenfrüchte (Soja: 41,6 %) sind ebenfalls sehr proteinhaltig, allerdings sind sie für einen Hund keine hochwertigen Proteinlieferanten und stellen keine Alternative zu Fleisch, Fisch, Geflügel, Eiern oder Milchprodukten dar.

> Der Energiegehalt von Protein entspricht in etwa 4,2 kcal pro Gramm. Generell ist tierisches Protein (Eiweiß) wertvoller als pflanzliches Protein, da das Protein aus tierischen Quellen dem körpereigenen Protein von seiner Aminosäuren-Zusammensetzung her ähnlicher ist. Es ist wichtig, dass alle essentiellen Aminosäuren in ausreichenden Mengen bei einer gesunden Ernährung vorhanden sind. Schon das Fehlen einer einzigen essentiellen Aminosäure führt dazu, dass bestimmte Proteinverbindungen nicht mehr hergestellt werden können.

2.4 Vitamine

Vitamine sind lebenswichtige, organische Substanzen, die in geringen Mengen erforderlich sind, um als Enzyme, Enzymvorstufen oder Coenzyme die zahlreichen Stoffwechselvorgänge im Körper des Hundes zu unterstützen.
Die Aufgabe der Vitamine besteht in der Regulierung der Verwertung von Kohlenhydraten, Proteinen und Mineralstoffen, somit in der Förderung und Steuerung vielfacher Stoffwechselvorgänge. Sie stellen zwar keine Energiequelle dar, aber wirken bei der Regulierung des Energiestoffwechsels mit, sorgen für dessen Ab- beziehungsweise Umbau und dienen somit auch der Energiegewinnung.

Vitamine stärken das Immunsystem, regulieren den Mineralstoffhaushalt und sind wesentlich am Aufbau von Zellen, Blutkörperchen, Knochen und Zähnen beteiligt. Vitamine werden entweder gar nicht oder nur in geringen Mengen vom Hund hergestellt (synthetisiert). Daher müssen sie mit dem eigentlichen Futter, bzw. als Nahrungsergänzung zugeführt werden. Eine Ausnahme bildet das Vitamin C, das im Organismus von Hund und Katze aus Glucose synthetisiert werden kann. Provitamine sind unwirksame Vorstufen von Vitaminen, die vom Körper in Vitamine umgewandelt werden können (z.B. Beta-Carotin). Wird dem Körper Beta-Carotin zugeführt, kann er es in Vitamin A umwandeln. Sind Vitamine als Bestandteil von Enzymen wirksam, spricht man von Coenzymen, wie z.B. bei den Vitaminen des B-Komplexes in Stoffwechselprozessen.

Alle Vitamine benötigen als Lösungsmedium Wasser oder Fett, da sie nur in gelöster Form über den Darm ins Blut und letztlich an ihren Bestimmungsort transportiert werden können. Man unterscheidet fettlösliche und wasserlösliche Vitamine.

Fettlösliche Vitamine:
Vitamin A (Retinol)
Vitamin D (Calciferol)
Vitamin E (Tocopherole)
Vitamin K (Chinone)

Fette und Mineralstoffe sind nötig, damit Vitamine im Verdauungstrakt gut aufgenommen werden können. Die fettlöslichen Vitamine werden im Körper gespeichert.

Vitamin A (Retinol)
Vitamin A kann im Körper (hauptsächlich in der Leber) gespeichert werden. Daher muss es nicht jeden Tag in der Nahrung vorhanden sein.
Es ist wichtig, einen Vitamin-A-Überschuss zu vermeiden, denn dieser wird nicht vom Körper ausgeschieden und kann somit zu Vergiftungserscheinungen führen. In der Natur kommt Vitamin A als Retinol nur in tierischem Gewebe vor. Pflanzliche Lebensmittel enthalten nur die Vorstufen von Vitamin A, nämlich Beta-Carotin und ca. 300 andere Carotinoide. Diese Carotinoide (Provitamine = Vitamin-Vorstufen) werden in der Darmschleimhaut in Retinol umgewandelt, wenn der Körper es benötigt. Nicht umgewandelte Carotinoide sind im Gegensatz zu Retinol antioxidativ wirksam, das heißt, sie fangen freie Radikale ab, verringern so das Krebsrisiko und schützen die Haut vor UV-Strahlung. Vitamin A ist wichtig für das Wachstum, für den Sehvorgang, die Fortpflanzung und für die Gesunderhaltung der Haut.

Unterversorgung:
Vitamin-A-Mangel kann zu Wachstumsstörungen, Fruchtbarkeitsstörungen, Schuppung und Austrocknung der Haut und der Schleimhäute und zu Sehstörungen führen.

Überversorgung:
Bei Vitamin-A-Überschuss kann es zu Skelett-

missbildungen, Sehstörungen, Überempfindlichkeiten, Wachstumsstörungen und schuppigem, stumpfem Fell kommen.

Eine Überversorgung ist ausschließlich bei der Fütterung mit Vitamin A (Retinol) zu befürchten. Carotinoide (Provitamine = Vitamin-Vorstufen wie z.B. Beta-Carotin) wirken auch in großen Mengen nicht toxisch und werden bei ihrer Umwandlung in Retinol dem Bedarf des Hundes angepasst.

Die folgenden Lebensmittel sind reich an Vitamin A:
Rohe Leber (führt allerdings oftmals im rohen Zustand zu Durchfällen), Eidotter, Butter, Lebertran, Milchprodukte, Seefisch und Fischöl.

Die folgenden Lebensmittel sind reich an Karotinen:
Carotinoide (Provitamine) kommen ausschließlich in Pflanzen vor, z.B. Möhren, Tomaten, Brokkoli, Spinat, also in allen kräftig rotorange bzw. grün gefärbten Gemüsesorten. Carotinoide können bei Bedarf im Körper zu Vitamin A umgewandelt werden.

Vitamin D (Calciferol)
Vitamin D kann im Körper (in der Leber und im Muskel- und Fettgewebe) gespeichert werden. Deshalb ist es wie beim Vitamin A wichtig, einen Überschuss an Vitamin D zu vermeiden, denn dieser wird nicht vom Körper ausgeschieden und kann somit zu Vergiftungserscheinungen führen. Vitamin D ist ein Sammelbegriff für mehrere Verbindungen mit Vitamin-D-Wirkung: Für den Hund sind die wichtigsten das in den Pflanzen vorkommende Vitamin D2 (Ergocalciferol), sowie das in tierischen Produkten enthaltene Vitamin D3 (Cholecalciferol). Beide Vitamine haben für unsere Hunde die gleiche biologische Wirksamkeit.
Vitamin D ist vor allem wichtig für die Aufnahme und Verwertung von Calcium aus dem Darm und für die Einlagerung in den Knochen. Es wirkt außerdem als Antioxydans.

Unterversorgung:
Vitamin-D-Mangel kann zu Wachstumsstörungen, Knochenerweichung und Überfunktion der Nebenschilddrüsen führen.

Überversorgung:
Bei Vitamin-D-Überschuss kann es zum Hypercalcämie-Syndrom kommen, einer Anhebung der Calciumkonzentration im Blut, welche zu schweren Organstörungen führen kann, weiter zu Herzrhythmusstörungen, häufigem Wasserlassen und Durst, Übelkeit und Erbrechen, Nierensteinen und Nierenverkalkung, Calcium-Ablagerungen in der Niere und den Gefäßen, Verkalkung der Weichteile.

Die folgenden Lebensmittel sind reich an Vitamin D:
Fisch, Fischöle, Lebertran, Eidotter.

Vitamin E (Tocopherole)
Vitamin E (Tocopherole) gehört zur Gruppe der fettlöslichen Vitamine, die als Antioxidantien wirken.
Vitamin E wird nur von Pflanzen gebildet. Sie schützen sich so vor freien Radikalen, die im Stoffwechsel auftreten. In der Zellmembran eingelagertes Vitamin E schützt somit die Zellen auch bei Mensch und Tier gegen freie Radikale. Außerdem verhindert Vitamin E die Zerstörung der mehrfach ungesättigten Fettsäuren in der Zellmembran durch freie Radikale. Pro Gramm ungesättigter Fettsäure sollten mindestens 0,6 Gramm Vitamin E in einer selbst erstellten Futterration Frischfutter enthalten sein.
Vitamin E kann im Hundeorganismus, hauptsächlich in der Leber, in geringen Mengen gespeichert werden und ist in fast jedem Körpergewebe zumindest in kleinen Mengen enthal-

ten. Der Körper braucht ausreichend Zink, um Vitamin E aufnehmen zu können.

Unterversorgung:
Vitamin-E-Mangel kann zu Fruchtbarkeitsstörungen, Skelettmuskelschäden und bei Katzen zur Gelbfettkrankheit führen.

Überversorgung:
Sowohl Hunde als auch Katzen scheinen gegenüber Vitamin E eine höhere Toleranz zu haben als gegenüber Vitamin A und D. Es ist allerdings wichtig zu wissen, dass ein Überschuss an Vitamin E zwar nicht toxisch wirkt, jedoch einen erhöhten Bedarf an Vitamin A und D verursacht.

Folgende Lebensmittel sind reich an Vitamin E: Den höchsten Gehalt an Vitamin E weisen Pflanzenöle auf. Allerdings wird der Gehalt durch den hohen Anteil an ungesättigten Fettsäuren abgeschwächt. Manche Gemüsesorten wie Grünkohl, Schwarzwurzeln oder Paprika sind deshalb bessere Quellen für Vitamin E. Außerdem ist Vitamin E enthalten in Nüssen, Getreideprodukten und Eiern. Generell ist die Menge des Vitamin-E-Gehaltes in tierischen Lebensmitteln eher gering.

Vitamin K (Chinone)
Vitamin K ist ein Sammelbegriff für eine Reihe von fettlöslichen Verbindungen, die u.a. an der Bildung von verschiedenen Blutgerinnungsfaktoren in der Leber beteiligt sind. Darüber hinaus ist Vitamin K an der Bildung von Eiweiß beteiligt, das im Blut, in der Niere und im Knochen vorkommt. Folglich ist Vitamin K wichtig für den Knochenstoffwechsel, für die Zellwachstumsregulierung und schützt vor Gefäßverkalkung.

Es gibt 3 bekannte Arten von Vitamin K:
- Vitamin K1 (Phyllochinon) kommt in unterschiedlichen Konzentrationen als normaler Bestandteil der Photosynthese in den Grünpflanzen und zum Teil in deren Früchten vor.

- Vitamin K2 (Menachinon) wird von Bakterien im Dickdarm des Hundes produziert.
- Vitamin K3 (Menadion) ist eine synthetisch hergestellte Substanz, die sich häufig in industriell hergestelltem Fertig- und Trockenfutter wiederfindet. Die Wirkung jedoch ist äußerst umstritten. Vitamin K3 reizt in fester Form die Atemwege und die Haut. Im Humanbereich wird der Einsatz wegen toxischer Wirkungen vermieden und stattdessen das natürlich vorkommende Vitamin K1 (Phyllochinon) eingesetzt.

Eine besondere Bedeutung als Futterzusatz gewinnt Vitamin K vor allem, wenn z.B. die Darmflora nach Gabe von Antibiotika geschädigt wurde oder der Gallenfluss gestört ist.

Vitamin K ist auch für die Herstellung von Prothrombin (Faktor 2 der Blutgerinnung) zuständig. Deshalb wird Vitamin K auch als Gegenmittel eingesetzt, wenn Hunde oder Katzen mit Rattengift in Berührung kommen. Die Wirkung der neueren Rattengifte beruht auf einer Hemmung der Vitamin-K-Synthese in der Leber.

Unterversorgung:
Vitamin-K-Mangelzustände sind eher selten. Sie können aber auftreten, wenn der Körper Fette nicht richtig verwerten kann, bei Krankheiten des Magen-Darm-Traktes, sowie nach längerer Einnahme bestimmter Medikamente (Antibiotika, Antiepileptika). Anzeichen für einen Mangel ist eine verstärkte Blutungsneigung (Blutgerinnungsstörungen).

Überversorgung:
Vitamin-K-Überschuss: Aufgrund der sehr niedrigen Toxizität von natürlichem Vitamin K wurden selbst bei lang andauernder Zufuhr des Vitamins keine Nebenwirkungen beobachtet.

Folgende Lebensmittel sind reich an Vitamin K1: Grünes Blattgemüse, Salat, Getreide, Fleisch, Milchprodukte, Eier, Obst.

Wasserlösliche Vitamine
Wasserlösliche Vitamine werden nur in sehr geringem Umfang bis gar nicht im Körper gespeichert und müssen daher mit der Nahrung fortlaufend zugeführt werden.

Vitamin C (Ascorbinsäure)
Vitamin B1 (Thiamin)
Vitamin B2 (Riboflavin)
Vitamin B3 (Niacin, Nicotinsäure)
Vitamin B5 (Pantothensäure)
Vitamin B6 (Pyridoxin)
Vitamin B7 (Biotin)
Vitamin B11 (Folsäure)
Vitamin B12 (Cobalamin)

Vitamin C (Ascorbinsäure)
Vitamin C ist wichtig für die Produktion von Kollagen, einem Protein, das für gesunde Haut, Knochen, Knorpel, Zähne und Zahnfleisch sorgt und auch eine bedeutende Rolle bei der Heilung von Wunden und Verbrennun-

gen spielt. Es unterstützt die Aufnahme von Eisen aus pflanzlichen Lebensmitteln. Vitamin C ist ein wirksames Antioxydans. Antioxidantien sind Substanzen, die im Körper gebildete oder aus der Umwelt stammende, aggressive Teilchen (freie Radikale) unschädlich machen. Neben Vitamin C gehören auch die Vitamine A, E, sowie Selen zu dem körpereigenen System von Radikalfängern. Vitamin C ist außerdem an Entgiftungsreaktionen in der Leber beteiligt.
Vitamin C nimmt eine Sonderstellung unter den wasserlöslichen Vitaminen ein. Es wird vom Hund selbst in der Leber und in den Nieren aus Glucose oder Galactose hergestellt. Daher ist für einen gesunden Hund, der sich im normalen Erhaltungsstoffwechsel befindet, keine Zufütterung notwendig.

Unterversorgung:
Vitamin-C-Mangel führt zu Skorbut, was jedoch bei Hunden und Katzen nicht auftritt, da sie, wie oben beschrieben, selbst in der Lage sind, Vitamin C zu synthetisieren.

Überversorgung:
Bei Vitamin C Überschuss sind keine Nebenwirkungen beschrieben. Allerdings finden sich in der Literatur Hinweise dafür, dass ständig erhöhte Ascorbinsäure-Gaben die Bildung von Harnsteinen fördern könnten.

Folgende Lebensmittel sind reich an Vitamin C: Hagebutten, Wirsing, Kiwi, Sanddorn, Zitrusfrüchte, Petersilie, Rosenkohl, Spinat, Milchprodukte.

Vitamin-B-Komplex

Der Vitamin-B-Komplex umfasst eine ganze Reihe von Vitaminen und nimmt somit eine Sonderstellung bei den wasserlöslichen Vitaminen ein. Diese Vitamine wurden ursprünglich wegen ähnlicher Stoffwechselfunktionen zusammengefasst.

Vitamin B1 (Thiamin)

Vitamin B1 übernimmt im Körper wichtige Steuerfunktionen, um z.B. Fette und Kohlenhydrate in Energie umzuwandeln. Darüber hinaus ist es für die Funktion von Nervengewebe und den Herzmuskel von Bedeutung. Aufgrund seiner zentralen Bedeutung im Energiestoffwechsel ist der Thiaminbedarf eng mit der Kalorienzufuhr verknüpft, das heißt, je mehr Energie benötigt wird, desto mehr Vitamin B1 muss die Nahrung enthalten. Vitamin B1 verhindert auch den Aufbau giftiger Nebenprodukte beim Stoffwechsel, die das Herz und das Nervensystem schädigen würden.

Unterversorgung:
Nervöse Störungen, Gewichtsverlust, Angst- und Aufregungszustände, Krämpfe, Muskelschwäche. Bestimmte Fischsorten enthalten das Enzym Thiaminase. Dieses zerstört Vitamin B1. Insbesondere ist daher Vorsicht bei der Verfütterung von Karpfen und Hering angezeigt, ebenso bei Hecht und Kabeljau.

Überdosierungen:
Eine Überdosierung von Vitamin B1 ist nicht bekannt.

Folgende Lebensmittel sind reich an Vitamin B1: Fleisch, Weizenkeime, Brokkoli, Kartoffeln und Getreide.

Vitamin B2 (Riboflavin)

Vitamin B2 unterstützt die Umwandlung von Proteinen, Fetten und Kohlenhydraten in Energie. Außerdem unterstützt es die Aufgaben der Vitamine B3 und B6.

Da der Körper Vitamin B2 nur sehr begrenzt speichern kann, ist eine regelmäßige Zufuhr wichtig.

Unterversorgung:
Dermatitis (Hautentzündung), Störungen des Zentralnervensystems, Wachstumsstörungen.

Überdosierungen:
Eine Überdosierung von Vitamin B2 ist nicht bekannt.

Folgende Lebensmittel sind reich an Vitamin B2: Muskelfleisch, Fisch, Petersilie, Milchprodukte, Innereien (grüner Pansen oder Leber), Gemüse, Eier und Getreide.

Vitamin B3 (Niacin, Nicotinsäure)

Vitamin B3 ist an der Verwertung von Fett, Kohlenhydraten und Proteinen beteiligt. Es wird auch benötigt für die Bildung von chemischen Botenstoffen im Gehirn. Es sorgt für eine gesunde Haut und ein funktionierendes Verdauungssystem. Ein Teil des Vitamins B3, das der Körper für eine ausreichende Versorgung benötigt, wird aus der essentiellen Aminosäure Tryptophan vom Körper selbst hergestellt.

Unterversorgung:
Dunkelfärbung der Zunge und Geschwüre in der Mundschleimhaut, körperliche Schwäche, Haut- und Schleimhautveränderungen, psychische Störungen.

Überversorgung:
Bei einer Überdosierung kommt es zu Hautrötung, Hitzegefühl und Quaddelbildung.

Folgende Lebensmittel sind reich an Vitamin B3: Wild, Fleisch, Geflügel und Fisch. Pflanzliche Produkte enthalten geringere Mengen Niacin, die nur schlecht verwertet werden können.

Vitamin B5 (Pantothensäure)
Pantothensäure wird benötigt für den Aufbau von Coenzym A, das eine zentrale Rolle im Stoffwechsel spielt. Es ist beteiligt am Auf- und Abbau von Fetten, Kohlenhydraten und Aminosäuren, sowie an der Synthese von Cholesterin. Außerdem ist Pantothensäure an der Bildung von Steroidhormonen (Hormone der Nebennieren) beteiligt.
Pantothensäure wird auch von Darmbakterien hergestellt.

Unterversorgung:
Nur bei extremem Mangel: Gewichtsabnahme, Bewegungsstörungen, Magenschleimhautentzündung.

Überversorgung:
Überdosierungen von Vitamin B5 sind nicht bekannt.

Folgende Lebensmittel sind reich an Vitamin B5: Fleisch, Leber, Fisch, Getreide.

Vitamin B6 (Pyridoxin)
Vitamin B6 wird für eine Vielzahl von Stoffwechselreaktionen benötigt, die größtenteils mit dem Auf- und Abbau von Aminosäuren (Proteinbausteine), beschäftigt sind. Darüber hinaus ist Vitamin B6 notwendig für das Nervensystem, die Immunabwehr und die Bildung von Hämoglobin, dem roten Blutfarbstoff. Je proteinreicher die Ernährung des Hundes ist, umso mehr Vitamin B6 wird benötigt.

Unterversorgung:
Mangelerscheinungen sind bei Vitamin B6 selten. Ein Mangel führt zur Muskelschwäche, Reizbarkeit, Dermatitis (Hautentzündung), Anämie (Blutarmut), Wachstumsstörungen und zu neurologischen Störungen.

Überversorgung:
Bei extremen Überdosierungen tritt eine Neuropathie auf. Neuropathie ist ein Sammelbegriff für Erkrankungen des peripheren Nervensystems (kurz PNS), welches sich außerhalb des Gehirns und Rückenmarks befindet. Das Zentrale Nervensystem (kurz ZNS) befindet sich im Gehirn und Rückenmark.

Folgende Lebensmittel sind reich an Vitamin B6:
Hühnerfleisch, Fisch, einige Gemüsesorten (grüne Bohnen, Kohl, Linsen, Feldsalat), Kartoffeln, Bananen, Getreide, Weizenkeime.

Vitamin B7 (Biotin)
Biotin, auch Vitamin H genannt, ist an bestimmten Schritten der Synthese von Fettsäuren, nicht essentiellen Aminosäuren und Purinen beteiligt. Es wird davon ausgegangen, dass der größte Teil oder sogar der gesamte Bedarf von Hund oder Katze aus der Synthese im Darm gedeckt werden kann. Entsprechend wäre eine Zufütterung nur nötig, wenn z.B. durch Antibiotikagabe die Darmflora im Dickdarm gestört ist. Es hat sich jedoch eine Zufütterung in geringen Mengen bei Hautproblemen in der Praxis bewährt. Besonders viel Biotin ist im Ei, genauer im Eidotter enthalten. Im Eiklar (Eiweiß) hingegen findet man im rohen Zustand den Stoff Avidin, der die Aufnahme von Biotin hemmt. Eiklar sollte daher nur gekocht verfüttert werden.

Unterversorgung:
Biotinmangel kann zu glanzlosem Fell, Haarausfall, Hautentzündungen, Juckreiz, Verminderung der Fruchtbarkeit und zu schwachen Welpen führen.

Überversorgung:
Bei Biotinüberschuss sind keine Nebenwirkungen bekannt.

Folgende Lebensmittel sind reich an Vitamin B7:
Leber, Niere, Erd- und Walnüsse, Bierhefe, Mandarinen, Eidotter, Melasse, Milch.

Vitamin B11 (Folsäure)
Folsäure ist eine komplex aufgebaute, organische Säure. Sie ist ein sehr wichtiges Vitamin, das bei der Zellteilung und der Neubildung von Zellen unentbehrlich ist. Zusammen mit Vitamin B12 ist Folsäure lebensnotwendig für die Bildung von roten und weißen Blutkörperchen, sowie für die Produktion der Blutplättchen, die für die Blutgerinnung und damit für den Wundverschluss notwendig sind. Folsäure ist außerdem sehr wichtig für die Zusammensetzung von Nukleinsäuren, welche die Basisinformationen der Erbanlagen (DNS) enthalten. Die Nukleinsäuren bilden neben Proteinen, Kohlenhydraten und Fetten die vierte große Gruppe der Biomoleküle.

Unterversorgung:
Folsäure-Mangelerscheinungen haben Auswirkungen auf die Schleimhäute und machen sich bei der Blutbildung bemerkbar. Ist z.B. die Blutneubildung gestört, kann es zu Blutarmut (unzureichende Bildung roter Blutkörperchen) kommen. Ist die Erneuerung der Darmschleimhaut betroffen, sind Verdauungsstörungen die Folge. Nach der Einnahme bestimmter Medikamente (z.B. Antibiotika) besteht ein erhöhter Bedarf an Folsäure.

Überversorgung:
Bei Folsäure-Überschuss sind keine Nebenwirkungen bekannt. Ich rate allerdings davon ab, große Mengen an Folsäure zu verfüttern, da sonst ein Vitamin B12 Mangel verdeckt werden könnte.

Folgende Lebensmittel sind reich an Folsäure: Leber, grünes Gemüse, Spinat, Salat, Getreide und Nüsse.

Vitamin B12 (Cobalamin)
Cobalamin enthält das Spurenelement Cobalt und bildet eine biochemische Stoffgruppe, deren wichtigster Vertreter das Coenzym B12 ist. Coenzym B12 ist die unmittelbar aktive Form des Vitamins B12. Cobalamin wird benötigt zur Bildung von roten Blutkörperchen und anderer Körperzellen. Es ist ein wesentlicher Bestandteil der Nucleinsäure (DNS) des Zellkerns und des Myelins, der weißen Hülle der Nervenfasern. Cobalamin wird auch zur Eisenverwertung und zur Produktion von Acetylcholin, einem wichtigen Nerven-Botenstoff, benötigt. Es spielt außerdem eine bedeutende Rolle bei der Aktivierung der Folsäure.
Cobalamin kann als einziges wasserlösliches Vitamin langfristig in der Leber und der Muskulatur gespeichert werden.

Unterversorgung:
Mit Mangelerscheinungen ist kaum zu rechnen, da die Leber und die Muskeln Cobalamin speichern und über Jahre dem Organismus bereitstellen können.
Der Mangel an Cobalamin führt aufgrund einer Störung der Zellbildung im Knochenmark zu Blutarmut mit übergroßen, roten Blutkörperchen und zur Degeneration (Entartung) bestimmter Rückenmarksbereiche, die zu Dauerschäden des Nervensystems führen kann.

Überversorgung:
Zu einem Überschuss von Cobalamin sind keine Nebenwirkungen bekannt.

Cobalamin kommt nur in tierischen Lebensmitteln wie Muskelfleisch, Fisch, Eiern, Käse, Milchprodukten und Leber vor.
Pflanzliche Nahrungsmittel besitzen so gut wie kein Cobalamin. Vergorene pflanzliche Lebensmittel (z.B. Sauerkraut) enthalten zwar sehr geringe Mengen an Cobalamin, da die Gärung über Mikroorganismen erfolgt, jedoch leisten pflanzliche Lebensmittel keinen ausreichenden Anteil zur Bedarfsdeckung.

> Die Aufgaben der Vitamine bestehen in der Regulierung der Verwertung von Kohlenhydraten, Proteinen und Mineralstoffen.
> Für die fettlöslichen Vitamine A, D, E, K (gut zu merken mit der Eselsbrücke: EDEKA) werden Fette und Mineralstoffe benötigt, damit sie im Verdauungstrakt gut aufgenommen werden können. Die fettlöslichen Vitamine werden im Körper gespeichert.
> Wasserlösliche Vitamine werden nur in sehr geringem Umfang bis gar nicht im Körper gespeichert und müssen daher mit der Nahrung fortlaufend zugeführt werden.
> Die wasserlöslichen Vitamine B1, B2, B3, B5, B6 und B7 sind wichtig für die Ausnutzung der Futterenergie! Die wasserlöslichen Vitamine B11 und B12 sind erforderlich für die Zellerhaltung und das Zellwachstum!

2.5 Mineralstoffe

Mineralien sind anorganische Nährstoffe, die der Körper nicht selber herstellen kann. Sie sind lebensnotwendige Bestandteile aller lebenden Zellen und am Stoffwechsel beteiligt. Mineralien sind eng an den Wasserhaushalt des Körpers gekoppelt, einige von ihnen sind Bestandteil aller Körperflüssigkeiten, regulieren dort den Wasserhaushalt, die Druckverhältnisse und den Säure-Basen-Haushalt.

■ Mineralstoffe dienen als Baustoffe für das Skelett und für die Zähne (Calcium, Phosphor, Magnesium) und geben den Knochen Festigkeit.

■ Mineralstoffe beeinflussen in gelöster Form als Elektrolyte lebensnotwendige Eigenschaften der Körperflüssigkeiten.

■ Mineralstoffe sind wesentliche Bestandteile organischer Verbindungen im Körper. Jod ist Bestandteil des Schilddrüsenhormons, Kobalt Bestandteil von Vitamin B12, Eisen Bestandteil von Hämoglobin.

Mineralstoffe liegen in der Nahrung nur selten in ihrer ursprünglichen Form vor, sondern sind meist an andere Stoffe gebunden. Diese Trägerstoffe können ebenfalls anorganisch sein oder aus Kohlenhydraten oder Proteinen bestehen. Kohlenhydrate oder Proteine werden als Chelate bezeichnet. Chelate sind Komplex-Verbindungen aus einem mineralischen und einem organischen Teil. Diese Chelate sind für den Hund wesentlich besser verwertbar als die anorganische Form, weil hierbei das Mineralsalz während des Transports an seinem Bestimmungsort von einem Ring aus Aminosäuren umschlossen wird. Diese Aminosäuren selbst können anschließend überall eingesetzt werden.
Mineralstoffe werden unterteilt in Mengenelemente mit recht hoher Konzentration und Spurenelemente in kleinen, aber entscheidenden Mengen.

Mineralstoffe für Vitalität

Grundsätzlich ist der Mineralienanteil im Hundekörper relativ hoch, da der gesamte Organismus auf die Verdauung ganzer Beutetiere ausgerichtet ist. Beutetiere enthalten viel Blut, das wiederum viele Mineralien enthält.
Folgende Mengen- und Spurenelemente betreffen ausschließlich den menschlichen oder tierischen Organismus; Pflanzen oder Pilze benötigen teilweise andere Mineralstoffe.

Mengenelemente:
Calcium (Ca)
Chlor (Cl)
Kalium (K)
Magnesium (Mg)
Phosphor (P)
Schwefel (S)
Natrium (Na)

Spurenelemente:
Chrom (Cr)
Cobalt (Co)
Eisen (Fe)
Fluor (F)
Iod (I) = umgangssprachlich Jod
Kupfer (Cu)
Mangan (Mn)
Molybdän (Mo)
Selen (Se)
Vanadium (V)
Zink (Zn)

Calcium (Ca)
Calcium ist in erster Linie für die Mineralisierung von Knochen und Zähnen zuständig. In dieser Funktion ist es stark auf die Zusammenarbeit mit Vitamin D und Phosphor angewiesen, um optimal verwertet werden zu können!

Wichtig ist, dass Phosphor und Calcium im Körper in einem bestimmten Gleichgewicht vorhanden sind. Das optimale Verhältnis Calcium zu Phosphor sollte ca. 1,3:1 (Ca:P) betragen, also 1,3 Teile Calcium zu einem Teil Phosphor.

Aber auch beim Zusammenspiel von Nerven und Muskeln, bei der Blutgerinnung und als Stabilisator von Zellwänden ist dieses Mineral unverzichtbar. Es wird in den Knochen gespeichert und von dort aus bei Bedarf abgegeben. Der Stellenwert der Calciumversorgung ist vor allem daran erkennbar, dass dieses Mengenelement immerhin 2% der Körpermasse ausmacht.

Unterversorgung:

Ein Calciummangel führt zwangsläufig zu Schädigungen des Skelettsystems: Die Knochen werden ausgedünnt, das Krankheitsbild der Osteoporose stellt sich ein. Darunter versteht man einen Knochenschwund, einen übermäßig raschen Abbau der Knochensubstanz und der Knochenstruktur, wobei auch Nerven eingeklemmt werden können. Es treten Krämpfe auf und die Blutgerinnung ist gestört.

Überversorgung:

Ein Überschuss an Calcium hat eine Verkalkung zur Folge, es kommt zu Muskelschwäche, Organverkalkung, Verstopfung und Erbrechen. Der Mineralstoffwechsel gerät in ein Ungleichgewicht, was mit Austrocknung einhergehen kann.

Die Hauptnahrungskomponenten für einen Hund sind Lebensmittel mit einem relativ hohen Phosphorgehalt und einem relativ niedrigen Calciumgehalt. Das Verhältnis von Fleisch, Fisch und Geflügel (hier als Mittelwert zusammengefasst) beispielsweise beträgt 0,07:1 (Ca:P). Da der Hund hingegen ein Calcium-/ Phosphor-Verhältnis von 1,3:1 (Ca:P) benötigt, sollte Calcium in Form von Calciumcitrat, einem Nahrungsergänzungsstoff, in einer selbsterstellten Futterration als Ausgleich zum Phosphorgehalt zugefügt werden.

Einige Milchprodukte, die fälschlicherweise als natürliche Calciumquelle oft zum Einsatz kommen, sind zwar besonders hohe Calcium-Lieferanten, allerdings beträgt der Mittelwert von Milchprodukten ca. 0.9:1 (Ca:P), also ist das Verhältnis Calcium zu Phosphor zu niedrig. Kalbsbrustknochen besitzen ein Verhältnis von 2,2:1 (Ca:P), also ist das Verhältnis Calcium zu Phosphor deutlich erhöht.

Zur Verdeutlichung ein kleines Rechenbeispiel: Wir haben einen erwachsenen gesunden Hund im Erhaltungsstoffwechsel (also normale körperliche Aktivität) mit einem Körpergewicht von 30 kg. Nennen wir ihn Bruno. Brunos täglicher Bedarf an Kalorien beträgt ca. 974 Kcal und der Calcium- und Phosphorbedarf beträgt ca. 1669 mg Calcium und 1244 mg Phosphor.

Seine Mahlzeiten bestehen ausschließlich aus der Frischfütterung. Brunos Hauptnahrungsquelle ist, wie in der Natur, natürlich Fleisch. Davon erhält er täglich ca. 500 g, andere Nahrungskomponenten spielen hier keine große Rolle, da es sich in unserem Rechenbeispiel ja lediglich um die Calcium-Phosphorverwertung handelt. Bruno erhält nun über das Fleisch ca. 7 mg Calcium und 115 mg Phosphor. Das entspricht einem Verhältnis von 0,06:1 (Ca:P). Um nun Brunos Bedarf an Calcium und Phosphor decken zu können und dabei das Calcium-/Phosphorgleichgewicht von 1,3:1 (Ca:P) annähernd einzuhalten, bräuchte er ungefähr 1400 g Milchprodukte pro Tag. Das wiederum wäre ein deutlicher Energieüberschuss! Er würde ca. 6900 Kcal pro Tag zu sich nehmen, tatsächlich braucht er aber nur 974 Kcal.

Calcium-Phosphor-Gleichgewicht mit Milchprodukten

Bruno		Verhältnis Ca:P	Tatsächliche Menge	Verhältnis Ca:P
Gewicht	30 kg	Soll	Ist	Ist
Bedarf täglich	974 kcal		6900 kcal	
Bedarf täglich	1669 mg Calcium	1,34 Teile Calcium	ca. 1635 mg Calcium	1,2 Teile Calcium
Bedarf täglich	1244 mg Phosphor	1 Teil Phosphor	ca. 1363 mg Phosphor	1 Teil Phosphor

Deckung mit Milchprodukten:
Bruno erhält nun 100 g Kalbsbrustknochen statt Milchprodukten, um den Calcium-/Phosphor-Bedarf zu decken. Bruno hat nun keinen Energieüberschuss mehr, stattdessen aber hat er einen deutlichen Calcium-/Phosphor-Überschuss mit einem Ungleichgewicht des Verhältnisses.
Deckung mit Kalbsbrustknochen, s. Tabelle unten. Gegen eine sporadische Fütterung von Kalbsbrustknochen, also ab und an einmal, ist natürlich nichts einzuwenden.

Chlor (Cl)

Chlor regelt – zusammen mit Kalium und Natrium – den Wasser- und Elektrolythaushalt. Es ist auch wichtig für die Bildung der Magensäure, da es durch Verbindung mit Wasserstoff die Salzsäure bildet. Chlor bzw. Chlorid ist wie Natrium in Flüssigkeit gelöst und spielt eine wichtige Rolle im Säure-Basen-Haushalt. Chlor ist Bestandteil der Gehirn- und Rückenmarksflüssigkeit und von Verdauungssäften.

Unterversorgung:
Ähnlich wie bei Natrium, kann sich durch starkes Schwitzen oder dauerndes Erbrechen ein Chlor-Mangel einstellen, der zu Problemen im Säure-Basen-Haushalt mit Muskelkrämpfen und Störungen der Herzfunktion führt.

Überversorgung:
Überschüssiges Chlor wird über die Nieren ausgeschieden.
Chlor wird überwiegend in Form von Kochsalz (NaCl) in Verbindung mit Natrium aufgenommen.

Kalium (K)

Kalium ist Bestandteil aller Zellen im Organismus. Es ist wichtig für den Flüssigkeitshaushalt, für die Muskulatur und die Nerven, ferner greift es in den Kohlenhydrat- und Fettstoffwechsel ein.

Unterversorgung:
Eine Unterversorgung tritt meist im Zusam-

Calcium-Phosphor-Gleichgewicht mit Kalbsbrustknochen

Bruno		Verhältnis Ca:P	Tatsächliche Menge	Verhältnis Ca:P
Gewicht	30 kg	Soll	Ist	Ist
Bedarf täglich	974 kcal		828 kcal	
Bedarf täglich	1669 mg Calcium	1,34 Teile Calcium	ca. 13800 mg Calcium	2,3 Teile Calcium
Bedarf täglich	1244 mg Phosphor	1 Teil Phosphor	ca. 6200 mg Phosphor	1 Teil Phosphor

menhang mit Durchfallerkrankungen auf und führt dann zu Verstopfung, niedrigem Blutdruck und sogar zu Lähmungserscheinungen.

<u>Überversorgung:</u>
Ein Zuviel an Kalium schädigt vor allem das Herz, es kommt zu Herzrhythmusstörungen bis hin zu Kammerflimmern. Äußerlich erkennbar ist ein Kaliumüberschuss an großen Urinmengen, da Kalium harntreibend wirkt.

Kalium findet sich hauptsächlich in Obst und Gemüse, aber auch in Getreide.

Magnesium (Mg)
Magnesium ist wichtig für das Nervensystem, die Knochenmineralisierung und die Muskelfunktion. Außerdem ist es verantwortlich für die Aktivierung von Enzymen.

<u>Unterversorgung:</u>
Eine Unterversorgung mit Magnesium schä-

digt das Herz-Kreislaufsystem. Äußerliche Symptome sind Zittern und Konzentrationsschwäche, aber auch Knorpel-, Organ- oder Gefäßverkalkungen können Anzeichen eines Magnesiummangels sein.

<u>Überversorgung:</u>
Eine Überversorgung würde mit Durchfall und Lähmungserscheinungen einhergehen.

Magnesium kommt vor allem im Getreide vor.

Phosphor (P)
Phosphor ist ebenfalls Bestandteil von Knochen und Zähnen. Außerdem ist es notwenig für den Aufbau von Zellen und den Energiestoffwechsel. Das optimale Verhältnis zu Calcium sollte 1:1,3 (P:Ca) betragen, also ein Teil Phosphor zu 1,3 Teilen Calcium.

<u>Unterversorgung:</u>
Ein Phosphormangel wirkt sich rasch bei der

Wechselwirkung mit Calcium und Vitamin D aus. Die Knochen dünnen aus, werden weich und brüchig. Die Zähne lockern sich und fallen aus. Außerdem kann es zu Störungen des zentralen Nervensystems kommen.

Überversorgung:
Erhöhte Phosphorzufuhr wird teilweise mit dem Urin wieder ausgeschieden und das Risiko einer Harnsteinbildung ist hoch. Bei einer Überversorgung wird außerdem die Kalziumresorption gestört, es kommt zu Osteoporose, Blutgerinnungsstörungen und Krämpfen. Ebenso können Durchfälle und Nierenkrankheiten vorkommen.

Phosphor ist in fast allen Nahrungsmitteln enthalten, besonders in Milchprodukten, aber auch in Fleisch, Fisch und Getreide.

Schwefel (S)
Schwefel ist Bestandteil von wichtigen Eiweißstoffen und in jeder Körperzelle vorhanden. Besonders hohe Konzentrationen finden sich in der Haut, den Krallen und dem Fell. Schwefel wird hauptsächlich über das Nahrungseiweiß aufgenommen, da das Mineral Teil der schwefelhaltigen Aminosäuren Cystin und Methionin ist. Darüber hinaus ist Schwefel Bestandteil der Vitamine B1, Pantothensäure und Biotin.

Unterversorgung:
Ein Mangel an Schwefel tritt meistens nicht auf.

Überversorgung:
Einige Schwefelverbindungen, die Sulfite (Salze der schwefligen Säure H_2SO_3), zerstören die Vitamine der B-Gruppe, hemmen die Arbeit der Enzyme, verstärken die Wirkung von krebserregenden Substanzen. Tierisches und pflanzliches Protein enthält Schwefel.

Natrium (Na)
Natrium ist in Kochsalz enthalten und steuert den Wasserhaushalt des Körpers. Es wird in großen Mengen ausgeschieden und muss dementsprechend zugeführt werden. Natrium ist wichtig für das Nervensystem, die Muskulatur und die Funktion der Zellmembran.

Unterversorgung:
Ein Natriummangel führt zur Austrocknung und damit zu vermehrtem Hecheln, niedrigem Blutdruck und Leistungs-/Muskelschwäche.

Überversorgung:
Eine Überdosierung kommt selten vor, würde aber zu Schwäche, Erbrechen, Durchfall sowie Herz- und Atemstörungen führen.

Natrium ist hauptsächlich im Blut, aber auch in salzhaltigen Lebensmitteln enthalten (z.B. Käse, Fleisch). Man kann auch ab und zu eine Prise Kochsalz unter die Mahlzeit geben.

Die Spurenelemente im Einzelnen:

Chrom (Cr)
Chrom wird vom Körper benötigt, um den Blutzuckerspiegel zu regeln. Es ist ein essentielles Spurenelement im Kohlenhydratstoffwechsel, was die Glucoseaufnahme der Zellen verstärkt. Chrom wird ferner vom Organismus benötigt, um den Cholesterinspiegel konstant zu halten.

Unterversorgung:
Chrommangelerscheinungen sind äußerst selten. Fehlt das lebensnotwendige Chrom, kommt es zu Störungen bei der Verwertung von Glucose, es treten Symptome der Diabetes (Zuckerkrankheit) auf.

Überversorgung:
Das in den Lebensmitteln enthaltene dreiwer-

tige Chrom ist wenig giftig und wird auch nur in geringer Menge aufgenommen.

Nennenswerte Mengen an Chrom sind z.B. in Fleisch und Käse enthalten.

Cobalt (Co)

Cobalt ist ein Bestandteil des Vitamins B12 (Cobalamin) und nur in dieser Verbindung essentiell. Es kann eine Reihe von Enzymen aktivieren. Der Cobaltbedarf wird über die Vitamin-B12-Zufuhr abgedeckt.

Eisen (Fe)

Eisen wird nur in kleinen, aber entscheidenden Mengen in vereinzelten Körperzellen benötigt. Es ist Bestandteil der roten Blutkörperchen und hat somit eine besondere Bedeutung für die Speicherung und den Transport von Sauerstoff. Trotz der hohen Speicherfähigkeit muss dem Organismus regelmäßig Eisen zugeführt werden.

Unterversorgung:
Folgen einer Unterversorgung sind Blutarmut und ein erhöhtes Infektionsrisiko. Äußerliche Symptome sind Leistungsschwäche, Entzündungen der Mundschleimhaut und eine Verblassung der Fellfärbung.

Überversorgung:
Da die Eisenkonzentration vom Organismus geregelt wird, sind Überversorgungen selten. Sie würden zu Leberschäden und einem erhöhten Krebsrisiko führen

Eisen ist in rotem Fleisch, Leber, Gemüse und Getreide reichlich enthalten, allerdings kann Eisen aus tierischen Nahrungsquellen besser genutzt werden.

Fluor/Fluorid (F)

Fluor/Fluorid trägt zur Festigkeit von Knochen und Zähnen bei. Es erhöht die Widerstandskraft der Zähne gegen Karies. Fluor/Fluorid schützt durch seine prophylaktische (vorbeugende) Wirkung vor Osteoporose.

Unterversorgung:
Ein Mangel an Fluor führt zu schlechten Zähnen.

Überversorgung:
Eine Überversorgung führt zu weißlichen bis bräunlichen Flecken im Schmelz der bleibenden Zähne (Zahnschmelzfluorose).

Relativ reich an Fluorid sind Seefisch, Eier, Fleisch und Getreideprodukte.

Iod (I) (umgangssprachlich Jod)

Mit Hilfe von Jod werden in der Schilddrüse Schilddrüsenhormone hergestellt, die für den gesamten Stoffwechsel unverzichtbar sind. Jod ist ein wichtiger Bestandteil der Schilddrüsenhormone Triiodthyronin (T3) und Thyroxin (T4), die viele Stoffwechselprozesse regeln. Diese Hormone beeinflussen unter anderem die Teilung und das Wachstum von Zellen und aktivieren den Stoffwechselhaushalt. Desweiteren stimulieren Schilddrüsenhormone die Wärmeproduktion und halten somit die Körpertemperatur konstant.

Unterversorgung:
Ein Jodmangel führt zu Stoffwechselstörungen, die nahezu jede Körperfunktion beeinträchtigen: Eine Unterfunktion der Schilddrüse stellt sich ein.
Jodmangel zeigt sich durch allgemeine Schwäche, Gewichtszunahme oder niedrigen Blutdruck. Da auch der Energiestoffwechsel betroffen ist, sollte die Jodversorgung dem Energieverbrauch angepasst sein, d.h., bei gesteigerter körperlicher Aktivität muss sie entsprechend erhöht werden.

Überversorgung:
Überversorgungen führen zu einer Schilddrüsenüberfunktion und damit zu einem unnatürlich gesteigerten Stoffwechsel, der sich durch Ruhelosigkeit, Gewichtsabnahme, Bluthochdruck oder auch Zittern und Muskelschwäche bemerkbar macht.

Der Jodgehalt pflanzlicher und tierischer Lebensmittel ist vom Jodgehalt des Bodens abhängig. Deutschland zählt zu den jodarmen Gebieten. Deswegen tragen die Nahrungsmittel Fleisch, Kartoffeln und Getreide nur wenig zur Jodversorgung bei. Viel Jod enthalten aber vor allem Meeresfische wie Seelachs und Kabeljau oder auch Algen (z.B. Ascophyllum Nodosum = Seealgenmehl).

Kupfer (Cu)
Unter den Spurenelementen hat Kupfer wohl die meisten Aufgaben zu erfüllen: Es ist unter anderem wichtig für das Immunsystem, das Nervensystem, das Bindegewebe (Kollagenbildung), den Energiestoffwechsel und die Bildung des Pigments Melanin, das die Fellfärbung bestimmt. Außerdem transportiert Kupfer Eisen, so dass es für die Eisenaufnahme und damit für das Hämoglobin unverzichtbar ist.

Unterversorgung:
Bei einem Kupfermangel nehmen Fellverlust und Infektionsanfälligkeit zu, es kann zu Anämien (Verminderung der Sauerstoff-Transportkapazität des Blutes) und Osteoporose kommen.

Überversorgung:
Ein Überschuss zeigt sich äußerlich zunächst durch Erbrechen und Durchfall (Darmentzündung), bei chronischer Überversorgung treten Leberschädigungen und Gelenkentzündungen auf.

Kupferreiche Lebensmittel sind Innereien (grüner Pansen, besonders Leber), Fisch und einige grüne Gemüsesorten.

Mangan (Mn)
Mangan ist wichtig für Enzyme, die am Stoffwechsel beteiligt sind, z.B. bei der Verwertung von Protein und Fett. Außerdem ist Mangan für die Bildung der Schilddrüsen- und Sexualhormone notwendig und wirkt bei der Verarbeitung von Cholesterin sowie bei der Insulinproduktion mit. Darüber hinaus benötigt der Organismus Mangan für das Knochenwachstum und um Glucose in der Leber zu speichern.

Unterversorgung:
Ein Manganmangel führt zu einer Herabsetzung der Enzymaktivität, was diverse Begleiterscheinungen mit sich bringt.

Überversorgung:
Bei einer erhöhten Manganzufuhr durch Nahrungsmittel kommt es nicht zu Überdosierungserscheinungen. Allerdings kann Mangan in hochdosierten Nahrungsergänzungsmitteln oder von industriellem Ursprung zu Schädigungen des zentralen Nervensystems oder zu psychischen Störungen führen, was sich entsprechend bemerkbar macht.

Besonders Lebensmittel pflanzlicher Herkunft wie Getreide, Hülsenfrüchte und Keimlinge sind reich an Mangan. Lebensmittel tierischer Herkunft enthalten nur wenig Mangan.

Molybdän (Mo)
Molybdän ist Bestandteil mehrerer Enzyme. Molybdän benötigen z.B. Enzyme, die an der Bildung der DNS beteiligt sind, sowie jene, die dafür sorgen, dass der Körper aus Fett Energie gewinnen kann. Molybdän wird auch zur Harnsäureproduktion benötigt.

Unterversorgung:
Durch eine übermäßige Aufnahme von Kupfer kann ein Molybdänmangel hervorgerufen werden, der sich in Herzrhythmusstörungen und einer verringerten Harnsäureproduktion äußern kann.

Überversorgung:
Bei einer überhöhten Molybdänzufuhr wurden gichtähnliche Symptome wie Ablagerungen von Harnsäurekristallen in verschiedenen Gelenken und Geweben sowie Schädigungen der Niere beobachtet. Natürlich geschieht dies nicht bei einmaliger Überversorgung, sondern bedarf einer längeren Zeitspanne der überhöhten Gabe.

Reich an Molybdän sind Innereien (grüner Pansen, Leber), Milchprodukte und Getreide.

Selen (Se)
Selen fungiert im Körper als Bestandteil einiger Enzyme, z.B. zusammen mit anderen Antioxidantien (Radikalfängern), um die Zelle vor oxidativen Schäden zu schützen. Selen wird außerdem als Bestandteil einiger Enzyme für die Bildung der Schilddrüsenhormone benötigt. Eine gute Versorgung mit Selen wird als Schutz vor Krebs angesehen.

Unterversorgung:
Selen-Mangelerscheinungen sind verringerte Fruchtbarkeit und eingeschränktes Wachstum.

Überversorgung:
Überdosierung führt zu Vergiftungserscheinungen der Leber, Haarausfall und Herzmuskelschwäche.

Der Selengehalt in Gemüse und Obst ist vom Selengehalt des Bodens und von der Düngung abhängig. Vor allem Fleisch, Fisch und Eier sind gute Selenquellen.

Vanadium (V)
Es hat die Aufgabe, verschiedene Enzyme im Organismus in ihrer Funktion zu unterstützen. Vanadium wird auch benötigt für das Knochen- und Zellwachstum.

Unterversorgung:
Auswirkungen bei Mangel sind zurzeit nicht bekannt.

Überversorgung:
Bei einer erhöhten Zufuhr von Vanadium kommt es zu Störungen des Magen-Darm-Traktes.

Vanadium ist enthalten in Dill, Fisch, Fleisch, Pflanzenöl und Getreide.

Zink (Zn)
Zink ist am Energiehaushalt, also dem Fett-, Kohlenhydrat- und Proteinstoffwechsel entscheidend beteiligt, außerdem auch wesentlich am Immunsystem, der Spermabildung und an der Insulinspeicherung.

Unterversorgung:
Symptome eines Zinkmangels sind allgemeine Mattigkeit, Verzögerungen in der Wundheilung, erhöhte Infektionsgefahr, Appetitlosigkeit und ein angegriffenes Immunsystem. Auch äußerliche Alterserscheinungen in Form nachlassender Pigmentierung können Zeichen eines Zinkmangels sein. Häufig treten Borken im Augen- und Schnauzenbereich auf. Zinkmangel kann z.B. bei chronischen Darmerkrankungen entstehen.

Überversorgung:
Durch eine Zink-Überdosierung wird die Resorption anderer Spurenelemente gestört, z.B. kann ein Zuviel an Zink zu Eisen- und Kupfermangel führen. Außerdem treten Verdauungsstörungen in Form von Erbrechen und Durch-

fall auf, bei akuter Überversorgung kommt es zur Anämie.

Zink kann generell aus tierischen Lebensmitteln besser verwertet werden, als aus pflanzlichen. Gute Zinkquellen sind Innereien (grüner Pansen, Leber), Muskelfleisch, Milchprodukte, verschiedene Fischarten.

> Das optimale Verhältnis Calcium zu Phosphor sollte ca. 1,3:1 (Ca:P) sein. Um Calcium gut verwerten zu können, benötigt der Körper Vitamin D. Erhöhter Bedarf an Mineralien besteht nach Durchfällen.
> Ein Mineralstoffmangel kann vor allem von den Baustoffen Calcium, Phosphor und Magnesium relativ lange ausgeglichen werden, indem die benötigten Stoffe den Speichern (z.B. den Knochen) entzogen werden.
> Ein Überschuss an Mineralien kann teilweise über die Ausscheidung reguliert werden, führt aber zu einem erhöhten pH-Wert im Blut.

2.6 Zusammenfassung

In einer selbst zubereiteten Futterration müssen enthalten sein: Wasser, Fett, Kohlenhydrate, Proteine, Vitamine und Mineralien. Wasser wird im gesonderten Napf angeboten und mindestens einmal täglich erneuert! In sämtlichen Lebensmitteln kommen die aufgezählten Komponenten in mehr oder weniger großer Menge vor. Von Bedeutung dabei ist, dass jeder einzelne Hund seinen eigenen, individuellen Bedarf hat. Das wiederum bedeutet, dass die Ration zwar generell aus den oben genannten verschiedenen Komponenten

bestehen sollte, aber die Art, Menge und Zusammensetzung der verschiedensten Lebensmittelsorten untereinander stets auf den eigenen Hund abgestimmt werden muss.

Wasser ist Lebensgrundlage Nr.1! Fett und Kohlenhydrate sind für die Energiegewinnung verantwortlich, Proteine für den Muskelaufbau!

Ungesättigte Fettsäuren haben wichtige Funktionen im Stoffwechsel. Das Verhältnis Omega-3- zu Omega-6-Fettsäure ist 1:5. Abwechselnde Fütterung von Lein-, Hanf-, Walnuss-, Lachsöl und Lebertran ist anzuraten.

Der Energiegehalt von Fett beträgt ungefähr 9,3 kcal/g, der von Kohlenhydraten und Proteinen ca. 4,2 kcal/g.

Kohlenhydrate sind eine Gruppe organischer Verbindungen und spielen die zweitwichtigste Rolle als Energielieferant für den Hund.

Ballaststoffe, die zu den Kohlenhydraten zählen, sind die unverdaulichen Bestandteile von Lebensmitteln pflanzlicher Herkunft und fördern eine gesunde Darmflora. Der Hauptanteil von Ballaststoffen ist Cellulose. Wasserlösliche Ballaststoffe sorgen im Dickdarm für eine gesunde Darmflora und sind Quellstoffe, sie sind enthalten in Äpfeln, Möhren und Chicorée. Unlösliche Ballaststoffe sorgen für die wichtige Darmperestaltik (Darmbewegung) und sind Füllstoffe. Sie sind enthalten in ganzen Getreidekörnern wie Leinsamen oder auch in Weizenkleie, den Schalen der Getreidekörner.

Rohfaser ist nicht gleich Ballaststoff, Rohfaser ist nur zu ca. einem Drittel aus der wasserunlöslichen Cellulose in Ballaststoffen enthalten.

Der Anteil an den unlöslichen Ballaststoffen sollte maximal ca. 2 bis 4 % der Nahrung betragen.

Das tierische Protein (Eiweiß) ist für den Hund wertvoller als pflanzliches Protein. Es ist wichtig, dass alle essentiellen Aminosäuren in ausreichender Menge bei einer gesunden Ernährung vorhanden sind.

Vitamine sind lebenswichtige organische Nährstoffe.
Mineralstoffe sind lebenswichtige anorganische Nährstoffe.
Vitamine und Mineralstoffe sind Bestandteile aller lebenden Zellen und am Stoffwechsel beteiligt.
Mineralstoffe liegen in der Nahrung nur selten in ihrer ursprünglichen Form vor, sondern sind meist an andere Stoffe gebunden.

Bei den Mineralstoffen wird unterschieden zwischen Mengenelementen und Spurenelementen.
Eine besondere Stellung unter den Mengenelementen haben Calcium und Phosphor! Das optimale Verhältnis Calcium zu Phosphor liegt bei ca. 1,3:1 (Ca:P), also 1,3 Teile Calcium auf einem Teil Phosphor. Vitamin D (enthalten in Lebertran) als Calciumverwertung muss stets verfügbar sein!
Da Vitamin D ein Speichervitamin ist genügt es, je nach Größe des Hundes, ein- bis zweimal wöchentlich einen bis zwei Teelöffel oder Esslöffel zu füttern.

Die Komponenten in der Zusammenfassung:

Wasser > Hauptsächlich enthalten in Wasser, Fleisch, Fisch, Geflügel, Gurken, Äpfel, Erdbeeren, Pflaumen.

Wasser

Fett > Hauptsächlich enthalten in Fleisch, Fisch und Geflügel als gesättigte Fettsäuren, in kaltgepressten Ölen wie Lein-, Hanf-, Schwarzkümmel-, Walnuss-, Nachtkerzenöl, Fisch/Lachsöl, Lebertran, aber auch im Hühnerfleisch und Eidotter als ungesättigte Fettsäuren.

Kohlenhydrate > Hauptsächlich enthalten in:
Dem **Grundbaustein Glucose** (Traubenzucker), der in Obst und Gemüse vorrätig ist.
Dem **Grundbaustein Fructose** (Fruchtzucker), der in Obst und Honig vorkommt.
Der **Stärke,** die in Kartoffeln und Getreideprodukten (Reis, Nudeln, Haferflocken) enthalten ist.
Den **Ballaststoffen,** die hauptsächlich in Leinsamen enthalten sind.

Kohlenhydrate

Fette und Fettsäuren

Protein > Hauptsächlich enthalten in Fleisch, Fisch, Geflügel, Eiern.

Mineralien und Vitamine > Hauptsächlich enthalten in Muskelfleisch, Fisch, Eidotter, Geflügel, Obst, Gemüse, Milchprodukte, Getreide, Kräuter, Salat, kaltgepressten Ölen und speziellen Nahrungsergänzungen.

Proteine

Vitamine und Mineralstoffe

Kapitel 3
Fütterung in

3.1 Die verschiedenen Fütterungsmethoden

Die Grundlage eines jeden Lebewesens bildet die Ernährung. So auch beim Hund. Sie wirkt sich entweder positiv oder negativ auf die Gesunderhaltung und das Wohlbefinden aus. Nun kommen wir zu dem Punkt, wie die Nahrungskomponenten in der Praxis umgesetzt werden können. Es gibt heute verschiedene Fütterungsmethoden für den Hund:

1. Trockenfutter
(industriell hergestelltes Fertigfutter)

1.1. Trockenfutter extrudiert
Bei der Herstellung wird Mischfutter unter Einwirkung von Druck, Hitze oder Dampf (zwischen 160–250° C) zu Brocken gepresst, gebacken oder extrudiert. Durch die Hitzebehandlung (Backen, Extrusion) wird die Stärke aufgeschlossen. Somit handelt es sich um ein bereits »vorverdautes Futter«. Die Brocken quellen im Magen auf, deshalb ist auf die Zufuhr von ausreichend Wasser zu achten.

1.2. Trockenfutter kaltgepresst
Die Inhaltsstoffe werden vermischt und nur zwei bis drei Minuten auf ca. 80° C erhitzt. Es ist kein vorverdautes Trockenfutter. Das Futter zerfällt im Magen in seine Bestandteile, der Magen wird nicht überdehnt (quillt nicht auf)und somit wird die Gefahr einer Magendrehung reduziert. Extrudiertes Trockenfutter ist jede Trockenfuttersorte, wenn sie nicht ausdrücklich als kaltgepresst bezeichnet wird!

2. Nassfutter (Dosenfleisch)
Eine gute Dose beinhaltet mindestens 30 % Fleisch, keine chemischen Konservierungsstoffe oder Geschmacksverstärker und keine Getreide-Nebenprodukte. Wenn auf Dosen maximal 4 % Fleischanteil angegeben wird, besteht der Rest meistens aus minderwertigen Eiweißquellen (Klauen, Federn, Hufen, Därmen, usw.).

3. Teilbarf
Trockenfutter in Kombination mit selbst erstellter Ration: rohem Fleisch, Gemüse, Milchprodukten.

der Praxis

4. Rohfütterung
Selbst erstellte Ration mit naturbelassenen, unverarbeiteten Nahrungsmitteln.

5. Frischfütterung
Selbst erstellte Ration wie bei der Rohfütterung mit naturbelassenen Nahrungsmitteln. Der Unterschied besteht darin, dass vereinzelte Nahrungskomponenten nicht unverarbeitet, sondern gegart oder – wie Fleisch – erst eingefroren und zur Verfütterung aufgetaut werden.

6. Reste der menschlichen Nahrung
Manchmal noch anzutreffen: Menschliche Essensreste vom Tisch.

7. Vegetarische Fütterung
Weniger verbreitet, dennoch praktiziert: Ausschließlich fleischlose Mahlzeiten.

Die Fütterungsmethode **Trocken- oder Nassfutter** werde ich weder befürworten noch ablehnen. Jeder Hund ist individuell und reagiert unterschiedlich auf die verschiedenen Arten der Ernährung. Es kommt auf unseren eigenen Vierbeiner mit seinem Befinden und all seinen Bedürfnissen an. Überzeugen wird letztendlich nur der eigene Hund.

Die Fütterungsmethode **Teilbarf** halte ich für zweifelhaft. In meiner Ernährungsberatung höre ich häufig, dass die Vierbeiner ihr Trockenfutter verschmähen und ihre Besitzer deshalb Lebensmittel unter das Futter mischen, um es schmackhafter zu machen. Oder Hundehalter erwähnen, dass sie gerne eine natürliche Abwechslung mit frischen Lebensmitteln und Fleisch in Kombination mit Trockenfutter bevorzugen, weil sie ihrem Hund seine natürliche Lebensgrundlage ermöglichen wollen, aber Angst haben, dass ihr Hund ohne Trockenfutter Mangelerscheinungen bekommt. Trockenfutter ist ein in sich ausgewogenes **Alleinfuttermittel**. Das bedeutet, es dürfen weder Beifütterung von Lebensmitteln, noch Nahrungsergänzungen (Supplemente) hinzugefügt werden. Eine Übermineralisierung wäre die Folge. Überversorgungen machen sich in den seltensten Fällen z.B. in Form von Verdauungsstörungen wie Blähungen, breiiger Kotkonsistenz oder Durchfallerscheinungen sofort bemerkbar. Häufig kommt es erst nach einiger Zeit zu Problemen wie Hautveränderungen, Knochenstoffwechsel-Entgleisungen, Nierenüberlastungen und damit verbundenen, erheblichen Stoffwechselproblemen.

Es gibt allerdings mittlerweile im Handel erhältliche fleischlose Gemüse-/Getreidekroketten als **Ergänzungsfutter**, die mit Lebensmitteln wie Fleisch, Milchprodukten usw. ergänzt werden können. Das ist zwar keine Alternative zur Frischfütterung, stellt aber einen vertretbaren Mittelweg gegenüber Trockenfutter in Kombination mit Fleisch dar.

Die Fütterungsmethode **Reste der menschlichen Nahrung** sollte keinesfalls eine Fütterungsgrundlage bilden. Sicher kennen Sie den Spruch: »Früher haben Hunde immer etwas vom Tisch bekommen und sind dabei alt geworden.« Aber bei der Ernährung des Hundes dürfen wir nicht mehr von unserer heutigen Ernährung ausgehen. Fast Food (z.B. Pizza, Hamburger, Pommes, ect.) oder gewürzte Speisen sind für einen Hund nicht verträglich. Der Bedarf des Hundes an essentiellen Aminosäuren, Vitaminen, Mengen- und Spurenelementen führt bei dauerhaftem Unterangebot der genannten Stoffe zur Ausprägung von Mangelerscheinungen. Ab und an ein »Leckerlie« wie z.B. Reste von gekochten Kartoffeln ohne Soße oder auch Nudeln und Reis ist kein Problem, nur sollte es bitte keine Dauerfütterung sein!

Die Fütterungsmethode **Vegetarische Fütterung** gehört definitiv nicht in einen Hundemagen. Hunde sind Fleisch-/Beutefresser, keine Pflanzenfresser!

Der Unterschied zwischen den Fütterungsmethoden Roh- und Frischfütterung wird im folgenden Abschnitt ausführlich erklärt.

3.2 Definition Frischfütterung

Die Lebenssituation eines Wolfes ist kaum noch mit der unserer Haushunde zu vergleichen. Die Domestikation unserer Hunde fordert ihr Recht. Das ist auch so gewollt. Unsere Hunde sollen brav, ruhig und, entsprechend der gerade geltenden Hundeverordnung, gut erzogen sein. An Verdauung und Haarkleid werden hohe Ansprüche gestellt und es mangelt den meisten Hunden an nichts mehr. Ganz im Gegenteil: Sie schlagen sich mit Übergewicht, Diabetes und Allergien herum, die häufig auf ein übermäßiges Angebot an Futter zurückzuführen sind. Aus der menschlichen Ernährung ist hinreichend bekannt, dass sich mit geringerer körperlicher Betätigung der Nährstoffbedarf senkt. Abhängig ist der Nährstoffbedarf außerdem von der jeweiligen Lebenssituation. So auch im Fall von Wolf und Hund. Darum ist der Nährstoffbedarf eines Hundes nicht mehr mit dem eines Wolfes zu vergleichen – auch bei ganz natürlicher Fütterung nicht.

Mit meinem Fütterungsprinzip »Frischfütterung« imitieren wir die natürlichen und erforderlichen Nahrungskomponenten, aber angepasst an den Organismus unserer Haushunde und unserer Zivilisation.

In der Praxis werde ich häufig von Hundehaltern gefragt: »Warum sollen denn einige Nahrungsmittel gekocht, statt roh angeboten werden, der Wolf hat doch auch keinen Kochtopf im Gepäck.«

> Je mehr Kotmenge, desto weniger Nahrungsverwertung. Je breiiger der Kot, desto schlechter wird die Nahrung verdaut. Hier sollte zum einen die Art der Fütterung und zum anderen die Zusammensetzung überdacht werden!

Oder: »Der Wolf steht auch nicht im Getreidefeld und plündert es.« Worin also besteht nun generell der Unterschied zwischen Roh- und Frischfütterung?

Rohfütterung:

Der Trend der Verfütterung von rohen, unverarbeiteten Nahrungsmitteln wird häufig unter dem Begriff B.A.R.F zusammengefasst. Im ursprünglichen Sinne bedeutet B.A.R.F »bone and raw food« (Knochen und rohes Futter).
Kombiniert werden dabei fleischige Knochen, rohes Fleisch, auch in Form von rohen Futtertieren wie z.B. Eintagsküken, rohe Innereien und rohes Gemüse.
B.A.R.F wurde als erstes in den USA von der Kanadierin Debbie Tripp benutzt. Vorlage hierfür war der australische Tierarzt Dr. Ian Billinghurst mit seinem Buch »Give Your Dog a Bone« (Gib deinem Hund einen Knochen), erstmals 1993 erschienen.
Debbie Tripp hat diese Ernährungsform mit dem Akronym B.A.R.F betitelt. Damit bezeichnete sie rohfütternde Hundebesitzer als auch das Hundefutter selber.
Zunächst stand diese Abkürzung für »Born Again Raw Feeders« (wiedergeborene Rohfütterer) und »Bones And Raw Foods« (Knochen und rohes Futter), im Deutschen wurde die Bedeutung »Biologisch-Artgerechtes-Rohes-Futter« dazu erfunden.

Frischfütterung:

Die Frischfütterung als naturnahe Ernährung, ist eine Erscheinungsform der Rohfütterung mit folgenden Unterschieden:
- Bei der Frischfütterung wird kein frisches rohes Fleisch angeboten, sondern rohes Fleisch, welches im Vorfeld tiefgefroren wurde. Die Zuteilung »roh« wird über die fleischliche Tiefkühlkost erfüllt, das schnelle Einfrieren beim Hersteller mindert die hygienischen Bedenken bezüglich Bakterien.

- Die Abneigung vieler Rohfütterer gegen Getreide hat verschiedene Ursachen und basiert zu allererst einmal darauf, dass rohes Getreide eine geringe bis gar keine Verdaulichkeit für den Hundedarm zeigt. Sowohl Getreide als auch Gemüse liegen aber in der Natur in vorverdauter Form, nämlich über den Magen- und Darminhalt der Beutetiere, vor. Gemüse und Getreide werden nur im vorverdautem Zustand wirklich verdaulich. Genau das imitieren wir in der Frischfütterung durch entsprechende Kochvorgänge, welches dem enzymatischen Vorverdauen gleichzusetzten ist. Getreide sorgt z.B. für eine gut funktionierende Darmperestaltik (Darmbewegung). Allerdings ist auf die Auswahl der Getreidesorten zu achten (siehe 3.4). Deshalb: Bitte keine Angst vor Getreide, sondern vor schlechter Getreidequalität, mangelnder Aufbereitung und chemischen Zusatzstoffen.

Übrigens kommen Öle in der Roh-, wie auch Frischfütterung vor. Öle sind für den Hund roh in der Regel sehr gut verdaulich. Und die Inhaltsstoffe von verschiedenen Ölen kommen aus Getreide, z.B. Leinöl aus Leinsaat. Die Aussage mancher Rohfütterer: »Ich füttere getreidefrei« ist also nicht ganz korrekt, selbst, wenn sie kein Getreide füttern.

- Die Rohfütterung hat, im Gegensatz zur Frischfütterung, oft einen hohen Knochenanteil, um den Calciumbedarf zu decken, mit einem deutlichen, über den Bedarf hinausgehenden Calcium- und Phosphoranteil und einem dementsprechenden Ungleichgewicht des Calcium-/Phosphorverhältnisses. Zu bemerken sei auch, dass bei unsachgemäßer Verfütterung Darmperforationen (Durchbruch des Darminhalts durch ein Loch oder einen Riss in der Wand des Darmes) durch splitternde und zu spitze Knochen sowie Verstopfungen auftreten können.

■ Das Gesamtnährstoffverhältnis ist in der Rohfütterung durch den hohen Fleisch- und Knochenanteil oft zu proteinhaltig. Deshalb gibt es einen Fastentag in der Woche, oft auch unter der Bezeichnung »fleischloser Tag« oder »Reinigung des Darmes« bekannt. An den Körper unserer Haushunde werden allerdings keine so hohen Leistungsanforderungen gestellt, wie beim Urvater Wolf, deshalb brauchen Hunde unter der Frischfütterung keinen Fastentag.

Außerdem fastet der Wolf in der Natur nicht freiwillig, sondern zwangsläufig, nämlich dann, wenn er kein Nahrungsangebot findet oder er nicht genügend Vorrat vergraben hat.

■ In der Rohfütterung kommt Leber als Innerei häufig zum Einsatz. Die Leber besitzt einen hohen Vitamin-A-Gehalt. Da Vitamin A ein fettlösliches Speichervitamin ist, wird es im Hundeorganismus eingelagert und langsam verbraucht. Bei häufiger Fütterung ist der Bedarf an Vitamin A recht schnell erfüllt und es entsteht ein Überschuss. In der Frischfütterung kommt Leber eher sporadisch, also nur vereinzelt, vor.

3.3 Geeignete Fleisch-, Fisch-, Geflügelsorten

Geeignete Nahrungsmittel in der Frischfütterung sind Fleisch, Fisch und Geflügel, gefolgt von Gemüse, Obst, Öl und natürlichen Nahrungsergänzungen wie frische oder pulverisierte Kräuter, pulverisierte Algen, gemahlene Hagebuttenschalen, Calciumcitrat. Getreide, z.B. in Form von Leinsamen für eine gute Verdauung, sollte ebenfalls einen kleinen Anteil in der Hundenahrung ausmachen. Milchprodukte sind nicht zwingend erforderlich, bereichern aber oftmals eine Hundemahlzeit.

Die erste Frage, die sich vor allem häufig Einsteigern stellen, ist, welche Fleischsorte die empfehlenswerteste ist und in welcher Form diese verfüttert werden kann.

Als Hauptnahrungsquelle steht das Rind zwar für den Wolf/Wildhund nicht an erster Stelle, aber für uns ist es meistens die preiswerteste Möglichkeit. Die Akzeptanz des Hundes, gute Qualität, Preis-Leistungsverhältnis und die einfache Fleischbeschaffung machen Rindfleisch zur Sorte Nummer eins. Alles Schlachtvieh wird einer Fleischbeschauung unterzogen und nur Fleisch in tadellosem Zustand geht in den Verkauf. Die Einkaufsmöglichkeiten aller Fleischsorten sind z.B. übers Internet bei diversen Fleischversendern gegeben, regional beim Schlachthof in Ihrer Nähe oder regional bei einem Frischfutter-Händler. Eventuell hat Ihr Metzger auch Fleischabschnitte, die den optischen Anforderungen für den Humanverzehr nicht entsprechen und somit nicht über die Ladentheke gehen. Alle Fleischsorten können am Stück, geschnitten oder grob/fein gewolft verfüttert werden. Ich würde für den »Hausgebrauch« allerdings geschnittenes oder besser gewolftes Fleisch anbieten. Erstens wird das Fleisch in dieser Form nicht aus dem Napf genommen und außerhalb gefressen (womöglich auf dem guten Teppich) und zweitens kann man Öle, Gemüse, Zusätze besser mit dem Fleisch vermengen. So ist gewährleistet, dass alles komplett gefressen wird und der Hund damit alle Nährstoffe erhält. Wenn Sie die Möglichkeit haben, ab und an einmal Fleisch am Stück draußen zu verfüttern, z.B. im Garten, so freut sich Ihr Vierbeiner natürlich auch.

Für alle Fleischsorten gilt: Wir bieten unseren Hunden kein frisches rohes Fleisch an, sondern rohes Fleisch, welches im Vorfeld tiefgefroren wurde. Die Bezeichnung »roh« wird somit über die fleischliche Tiefkühlkost erfüllt. Das Verfüttern von rohem, ungefrorenem

Fleisch stellt für Hunde eine Infektionsgefahr dar, die von zahlreichen Tierhaltern leider immernoch unterschätzt wird.

Mit dem rohen Fleisch können verschiedene Krankheitserreger wie z.B. Parasiten, Rundwürmer, Bandwürmer, Bakterien oder Viren (Aujeszky = Pseudotollwut) übertragen werden. Für die Parasiten sind die Schlachttiere oder auch einige jagdbare Wildtiere Zwischenwirte, Hunde und Katzen sind aber Endwirte für die meisten Bandwürmer.

Viren und Bakterien bleiben zwar auch nach Aufbewahrung des rohen Fleisches im Kühl- oder Gefrierschrank monatelang lebensfähig, aber das schnelle Einfrieren direkt beim Hersteller mindert die Gefahr der Entstehung erheblich. Aus meiner Erfahrung heraus haben Hunde, die über die fleischliche Tiefkühlkost ernährt werden, noch keine Parasiten oder Würmer bekommen. Wurmbefall äußert sich meistens, wenn Hunde beim Spaziergang unbeobachtet etwas aufnehmen.

3.3.1 Rind

Geeignete Rindfleischsorten

Rind: Alle weiblichen und männlichen Tiere werden mit dem Oberbegriff Rind bezeichnet.

Kalb: Im ersten Lebensjahr werden Rinder, unabhängig vom Geschlecht, als Kalb bezeichnet.

Bulle (Stier): Geschlechtsreifes, männliches Rind.

Färse: Weibliches Rind, das noch nicht gekalbt hat.

Kuh: Weibliches Rind, das bereits gekalbt hat.

Muskelfleisch

Maulfleisch (Lefzen)

Zwerchfell – Je nach Region auch Kronfleisch oder Saumfleisch genannt.

Kopffleisch – Enthält zum Teil kleine Knorpelstücke und wird meistens sehr gerne gefressen

Herz – Zählt zum Muskelfleisch und nicht, wie

oft fälschlicherweise angenommen, zu Innereien.

Fleisch der Beinscheiben – Das Knochenmark in der Markhöhle wird gerne vom Hund gefressen, aber hier ist Vorsicht geboten: Die Zunge des Hundes kann in dem Loch der Markhöhle leicht stecken bleiben! Außerdem sind die Knochen der Beinscheibe sehr hart. Zahnschmelzdefekte können auftreten oder Absplitterungen vom Knochen, welche im Magen oder Darm stecken bleiben können.
Wenn eine Beinscheibe gefüttert wird, entweder nur unter Beobachtung geben und nachdem das Fleisch abgenagt und das Mark aufgefressen wurde die Beinscheibe wegnehmen, oder das Fleisch und Mark vom Knochen lösen und dem Tier dann geben.
Hals und Nacken (Kamm)
Schulter (ohne Knochen)
Rinderbrust (mit Fett, ohne Knochen)
Rinderhackfleisch – Grob entsehntes Muskelfleisch. Der Fettgehalt liegt unter 20 %.
Tatar – Wird auch Schabefleisch oder Beefsteakhack genannt und aus Oberschale, Rouladen-, Zungen- oder Bugstück hergestellt. Der Fettgehalt liegt unter 6 %.
Zunge, Filet, Roastbeef oder Keule (daraus Hüfte, Tafelspitz oder Hüftsteak). Kann auch verfüttert werden, ist aber, je nach Bezugsquelle, recht teuer.

Nicht geeignet:
Stichfleisch – Dieses würde ich eher nicht empfehlen. Stichfleisch ist die Partie, die nach dem Schlachten rund um die Einstichstelle beim Entbluten von Rindern entsteht. In das Stichfleisch sickern erhebliche Mengen an Blut ein. Insbesondere zum Ende der Ausblutung kann in Folge des Zusammenbruchs der Blut-Darm-Schranke eine starke Keimbelastung entstehen. Stichfleisch darf nur zu Tierfutter oder technischen Fetten verarbeitet werden.

Für den menschlichen Verzehr ist es nicht geeignet.

Geeignete Innereien:
Grüner Pansen – Ist eine bedeutungsvolle Innerei und sollte Bestandteil der Fütterung sein. Als größter der vier Mägen des Rindes (neben Blättermagen, Netzmagen und Labmagen), besitzt er für den Hund wichtige Nährstoffe und natürliche Verdauungsbakterien. Grüner Pansen sollte mindestens ein- bis zweimal die Woche gefüttert werden. Meistens wird grüner Pansen bereits grob zerteilt bzw. grob gewolft im Handel angeboten. Sie können aber auch grünen Pansen am Stück füttern. Frischer grüner Pansen riecht meistens nicht so streng wie älterer grüner Pansen, der bereits eine Zeitlang außerhalb der Tiefkühltruhe gelagert wurde. Weißer Pansen (Kutteln), wie er für den Menschen im Handel erhältlich ist, ist komplett ungeeignet. Er ist gewaschen, chemisch behandelt oder gekocht und enthält für den Hund keine Nährstoffe mehr.
Blättermagen – Wird auch Psalter genannt und besitzt, wie der grüne Pansen, wichtige Nährstoffe und natürliche Verdauungsbakterien. Blättermagen ist nicht so fetthaltig wie grüner Pansen und eignet sich gut für Hunde, die zu Übergewicht neigen.
Lunge – Sie hat keinen großen Nährwert, eignet sich aber gut für Hunde, die sich in der Gewichtsreduktion befinden. Auch ist Lunge als »Füllstoff« geeignet, wenn der Hund einen großen Appetit hat, aber nicht zunehmen soll. Zuviel Fütterung mit Lunge kann zu Blähungen führen. Dann sollte die Menge angepasst werden.
Euter – Ist eine Energiebombe, da Euter sehr fetthaltig ist. Euter eignet sich somit sehr gut für Hunde, die Zunehmen sollen. Euter ist allerdings etwas schwerer verdaulich als die meisten anderen Fleischsorten.

Ungeeignete Innereien:
Leber – Ist sehr vitaminreich. Hauptsächlich enthalten sind Vitamin A und D. Da diese fettlösliche Speichervitamine sind, droht bei Dauerfütterung aber eine Überversorgung. Außerdem ist Leber ein Entgiftungsorgan, welches Schadstoffe zwar nicht speichert, aber filtert. Leber sollte dementsprechend – wenn überhaupt – maximal einmal im Monat in geringen Mengen gefüttert werden.
Niere – Ist wie die Leber ein Entgiftungs- und Ausscheidungsorgan. Niere sollte – wenn überhaupt – wie Leber maximal einmal im Monat in geringen Mengen gefüttert werden.
Milz – Die Milz wird von einer bindegewebsartigen Kapsel umgeben. Sie ist schwammig und von weicher Konsistenz. Hunde brauchen kein Futter mit Milz, sie kann aber in geringen Mengen verfüttert werden.

Was noch geeignet ist:
Blut – Weist einen für den Hund guten Mineralstoffgehalt auf. Im Handel gibt es mittlerweile »Blutwurst« für den Hund. Sie ist unserer Blutwurst sehr ähnlich, wird jedoch ohne Gewürze hergestellt.
Rinderschmalz – Ideal geeignet, wenn der Hund mehr Energie benötigt als im Erhaltungsstoffwechsel, z.B. wenn er Leistungssport betreibt, nach Einsätzen als Rettungs-, Such- oder Spürhund – oder generell, wenn er untergewichtig ist.
Rinderohren – Sie sind recht knorpelig und weisen noch Fell auf, welches als natürlicher Bestandteil in der Natur vorkommt (Beute). Rinderohren mit Fell werden allerdings nicht von jedem Hund angenommen oder gleich gut vertragen, möglicherweise werden Fellreste erbrochen. Hier gilt: Ausprobieren.
Ziemer – Der Penis des Bullen wird als Ziemer bezeichnet. Im getrockneten Zustand wird Ziemer gerne als Leckerlie verspeist.

Knorpel – bedingt geeignet bis ungeeignet:
Kehlkopf – Wird auch Gurgel genannt. Dieser sollte geteilt werden, da sonst der Hund mit seiner Zunge stecken bleiben könnte. Bitte beim Händler anfragen, ob sich Teile der Schilddrüse am Kehlkopf befinden. Wenn ja, dann sollte Kehlkopf nicht zu häufig gefüttert werden! Die Hauptfunktion der Schilddrüse besteht nämlich in der Jodspeicherung, deshalb könnte der Hund bei Dauerfütterung irgendwann einmal an einer Schilddrüsenüberfunktion leiden.
Strossen (Luftröhre) – Muss genau wie Kehlkopf zerteilt werden. Sie lässt sich an einer Seite gut längs aufschneiden. Auch der Luftröhre können noch Teile der Schilddrüse anhaften, deshalb gilt der Hinweis zur Fütterung wie beim Kehlkopf!
Schlund (Speiseröhre) – Sie ist ein festes Gebilde und lässt sich schwer schneiden. Besser ist es, sie wolfen zu lassen, da der knorpelige Schlauch der Speiseröhre im Hals des Hundes stecken bleiben kann!

Knochen – geeignet:
Kalbsbrustbein – Ist ein optimaler Einsteigerknochen, da es sich beim Kalb noch um ein junges Tier handelt und der Knochen »relativ« weich ist. Oftmals ist der Knochen noch mit viel Fleisch ausgestattet. Der Knochen sollte in portionsgerechte Stücke zerlegt werden, er wird im Ganzen verspeist.
Kalbsrippen – Hier sind besonders die fleischigen Rippen geeignet. Man sollte den Hund aber beim Verzehr beobachten, da es passieren kann, dass Knochenteile aus den Rippen spitz zulaufen.

Knochen – eher ungeeignet:
Rinderbrustbein – Ist wesentlich härter als bei Jungtieren (Kalbsbrustbein). Zahnschmelzdefekte könnten die Folge sein. Rinderbrust-

bein sollte nur an im Umgang mit Knochen äußerst erfahrene Hunde gefüttert werden.

Ochsenschwanz – Dieser ist auch oftmals mit viel Fleisch bestückt und sollte wie Kalbsbrustbein in portionsgerechte Stücke zerlegt werden. Ochsenschwanz ist allerdings meistens schwer verdaulich, hauptsächlich, wenn er schnell hinuntergeschlungen wird. Unter Umständen setzen sich Stücke im Darm quer und blockieren den normalen Verdauungsvorgang. Darmverschluss wäre dann die Folge. Deshalb sollte Ochsenschwanz nur an im Umgang mit Knochen äußerst erfahrene Hunde gefüttert werden.

Rinderbein – Dieses besteht in der Mitte aus Röhrenknochen und weist auf beiden Seiten zwei Kugelgelenke auf. Die Kugelgelenke werden entfernt, bevor das Rinderbein verfüttert

wird. Röhrenknochen können splittern und Magen- und Darmwand durchbohren oder sich festsetzten und dadurch die Darmverschlussgefahr fördern.

Rinderfuß – Auch hier sind Röhrenknochen vorhanden, deshalb ist Rinderfuß keine empfehlenswerte Knochensorte.

Sandknochen – Sie bestehen aus dem Kugelgelenk des Rinderbeines, wenn dies zersägt ist. Sandknochen sind meistens sehr hart und führen schnell zu Knochenkot (extrem harter Stuhl, häufig verbunden mit Kotabsatzschwierigkeiten).

3.3.2 Wild

Mit dem Begriff »Wild« werden keine frei lebenden Tiere (Wildtiere) bezeichnet, sondern

Wild ist ein Sammelbegriff für die im Zusammenhang mit Jagd relevanten Säugetiere und Vögel. Wild ist meistens teurer als Rind, wird aber von Hunden sehr gerne gefressen.

Geeignete Wildfleischsorten:
In der Jagdsprache gibt es verschiedenen Kategorien:
Schalenwild wie z.B.
Rothirsch, Damhirsch, Rentier, Elch
Niederwild wie z.B.
Reh, Feldhase, Wildkaninchen, Rebhuhn, Fasan, Waldschnepfe, Graugans, Stockente

Ungeeignetes Wild:
Schwarzwild (Wildschwein) – In Deutschland kann die Wildschweinpopulation mit dem Aujeszky-Virus befallen sein (siehe auch 3.15).

Alle Wildabschnitte und Innereien können – genau wie beim Rind – gefüttert werden. Allerdings sollte der Verdauungstrakt (Magen und Darm) bei Wildabschnitten nicht verfüttert werden, da Wild als Parasitenträger gilt (Bandwurmgefahr)!

3.3.3 Ziegenartige

Unter dem Begriff »Ziegenartige« werden z.B. Schaf und Lamm, Ziege sowie Gams geführt Alle Fleischabschnitte, Lammrippen als Knochen und Innereien können – genau wie beim Rind – gefüttert werden. Allerdings sollte der Verdauungstrakt (Magen und Darm) bei den Ziegenartigen nicht verfüttert werden, da Ziegenartige als Parasitenträger gelten (Bandwurmgefahr)!

3.3.4 Pferd

Pferde erhalten einen so genannten Pferdepass, in dem unter anderem eingetragen wird, ob das Pferd bei Schlachtung zum menschlichen Verzehr freigegeben wird. Wenn es zur Schlachtung freigegeben ist, dürfen nur entsprechende Medikamente angewendet worden sein, die für Schlachtpferde zugelassen sind.

Pferdefleisch ist allergenarm und wird oftmals bei einer Eliminationsdiät (Ausschlussdiät bei Allergien, kurz AD genannt) gefüttert. Wichtig bei einer AD ist, dass der Hund noch nicht mit der gefütterten Fleischsorte in Kontakt gekommen ist. Pferdefleisch wird von Hundehaltern recht selten gefüttert, da es in der Regel teurer ist als Rindfleisch.

Alle Fleischabschnitte können – genau wie beim Rind – gefüttert werden. Frische Innereien vom Pferd sollten an Hunde nicht verfüttert werden. In getrocknetem Zustand dürfen Hunde Magen, Leber und Lunge vom Pferd erhalten.

3.3.5 Geflügel

Geflügel wird gerne vom Hund gefressen, hauptsächlich steht Huhn auf dem Speiseplan des Hundes.

Beim Thema Geflügel, ist den Salmonellen eine besondere Beachtung zu schenken. Man sieht sie nicht, man riecht sie nicht, man schmeckt sie nicht. Eine Infektion mit Salmonellen kann, wie auch beim Menschen, Durchfall, schmerzhafte Krämpfe und Entzündungen hervorrufen und im Extremfall sogar zum Tode führen. Die Unterbrechung von Lebensmittel-Kühlketten sowie mangelhafte Hygiene sind die Hauptursachen dafür, dass die Bakterien in Lebensmitteln eine kritische Dosis erreichen. Besonders gefährdet sind Hunde, deren Immunsystem geschwächt ist, aber auch alte und/oder kranke Hunde. Am ehesten von Salmonellen befallen ist Geflügel und die Auftauflüssigkeit davon.

Fleischsorten und -abschnitte zum Kochen:
Truthahn:
Truthahnfleisch – männliche Tiere
Putenbrust – Pute, weibliche Tiere

Haushuhn:
Suppenhühner – Das sind meist zwölf bis 15 Monate alte Legehennen. Die Haut ist fetthaltig und ein guter Energielieferant, das Fleisch ist zäher als beim Hähnchen, da das Suppenhuhn älter ist. Die Knochen sind ungeeignet.
Hähnchenbrust – Hähnchen haben nach vier bis fünf Wochen, bei langsam wachsenden Rassen nach etwa sieben bis zehn Wochen, ihr Schlachtgewicht von 800 g bis 1200 g erreicht.
Poulardenfleisch – Poularden werden mit sieben bis zwölf Wochen, also noch vor ihrer Geschlechtsreife, geschlachtet. Sie wiegen zwischen 1200 g und 2500 g und mehr.

Gänsevögel
Ente – Hausenten sind unter der Haut ziemlich fett. Für Hunde mit Übergewicht nicht geeignet.
Gänse – Gänsefleisch ist fetthaltig. Für Hunde mit Übergewicht nicht geeignet. Unterschieden werden:
Frühmastgänse – Sie sind etwa 10 bis 12 Wochen alt und wiegen ungefähr 2000 g bis 3400 g. Sie haben keinen Weidegang. Die Tiere weisen weniger Geschmack auf als Hafermastgänse.
Junge Gänse – Sie sind etwa 9 Monate alt und wiegen 4000 g bis 6000 g.

Hafermastgänse – Sie können älter als ein Jahr sein. »Hafermastgans« ist ein gesetzlich geschützter Begriff, der besagt, dass die Gans die letzte Zeit in ihrem Leben mit mindestens 500 g Hafer pro Tag gemästet wurde.

Weidegänse – Sie werden im Freien gehalten, wo sie sich von Gras ernähren und zusätzlich Getreide erhalten. Dabei wird auf Maisfütterung verzichtet, um eine Fettleber zu vermeiden.

Straußenfleisch – Schlachtreife Strauße wiegen 75 kg bis 100 kg mit einem Fleischanteil von knapp 50 %. Das dunkle Fleisch erinnert in Aussehen und Geschmack an Rindfleisch. Straußenfleisch ist sehr fettarm.

Geflügelknochen – geeignet:
Hühnerhälse – Sie neigen nicht zum Splittern und sind ideale »Anfängerknochen«.
Putenhälse – Sie sind größer und schwerer als Hühnerhälse. Der Hund sollte den Umgang mit Hühnerhälsen bereits gewohnt sein, bevor er Putenhälse bekommt.

Knochen – bedingt geeignet:
Hühnerflügel und Hühnerschenkel – Die Haut ist sehr fettreich und sollte nicht an Hunde verfüttert werden, die zu Fettleibigkeit neigen.
Karkassen – Der Rücken von Geflügel wird je nach Region als Karkasse oder auch als Hühnerklein bezeichnet. Schenkel, Flügel und Brust werden bei Karkassen entfernt. Häufig handelt es sich um ältere Tiere, deshalb können Karkassen recht hart sein.

Knochen – ungeeignet:
Putenflügel und Putenkeulen – Puten sind ältere Tiere und die Knochen sind oftmals sehr hart. Die Röhrenknochen der Keulen splittern recht schnell. Magen-/Darmverschluss oder durchgebohrte Magen-/Darmwände können die Folge sein!

3.3.6 Fisch

Im Fisch ist das Enzym Thiaminase enthalten, welches zu Mangelerscheinungen führen kann (Vitamin-B1-Killer). Der Garvorgang zerstört das Antivitamin, weshalb Fisch gegart angeboten werden sollte. Fisch ist sehr reich an essentiellen Omega-3-Fettsäuren, Jod, Selen, Vitamin A, D, B2, B6, B12. Deshalb sollte Fisch, auch wenn gegart, nach Möglichkeit in einer Hundemahlzeit vorhanden sein.

Wir unterscheiden beim Fisch zwischen Salzwasserfischen (Seefischen) und Süßwasserfischen. Ein wichtiger Unterschied vom Salz- zum Süßwasserfisch ist das Jodvorkommen. Salzwasserfische enthalten viel Jod, während Süßwasserfische relativ jodarm sind.

Einige wenige Süßwasserfische können sowohl im Meer, als auch im Süßwasser leben (periphere Süßwasserfische), zu ihnen gehören beispielsweise die Lachse und Aale.

Ein wichtiges und bedeutsames Thema in Bezug auf die Ernährung mit Fisch sollte der Punkt Überfischung sein. 75 % der kommerziell genutzten Fischbestände weltweit wie Thunfisch, Rotbarsch oder Nordseekabeljau sind bereits überfischt oder werden bis an ihre

Fisch

Salzwasserfische (Seefisch), Lebensraum Meerwasser	Süßwasserfische, Lebensraum Bäche, Flüsse, Seen
Seelachs	Aal
Schellfisch	Lachs
Heilbutt	Forelle
Kabeljau	Zander
Scholle	Wels
Makrele	Brasse
Dorsch	Karpfen
Hering	Hecht
Rotbarsch	
Sardinen	
Thunfisch	

biologischen Grenzen befischt. Der WWF (World Wide Fund For Nature) setzt sich für eine umweltverträgliche Fischereipolitik ein. Dazu gehört auch die Zusammenarbeit mit dem Marine Stewardship Council (kurz: MSC), der internationalen Organisation, die Standards für ein Umweltsiegel für Fisch entwickelt hat.

Das MSC-Gütezeichen signalisiert dem Verbraucher, dass es sich um ein Produkt aus garantiert umweltverträglich bewirtschafteter Fischerei handelt.

Folgende Fischsorten können gekocht und unter Berücksichtigung der Überfischung dem Hund angeboten werden:

Z = Zucht, **W** = Wild, **MSC** = umweltverträgliche Fischerei
Annehmbarer Fisch: gute Wahl, nicht überfischt, gute Zucht, minimaler Umwelteinfluss.

Alaska Seelachs Fanggebiet: Nordost-Pazifik	MSC W
Garnele Fanggebiet: Nordost-, Westatlantik	MSC W
Kabeljau Fanggebiet: Pazifik	MSC W
Heilbutt Fanggebiet: Pazifik	MSC W
Lachs, Alaska Fanggebiet: Ostpazifik	MSC W
Seehecht Fanggebiet: Südafrika	MSC W
Seelachs, Köhler Fanggebiet: Nordsee	MSC W
Thunfisch, Weißer Fanggebiet: Pazifik	MSC W
Zander Fanggebiet: Westeuropa	MSC W
Lachs, Bio-Zucht Zuchtgebiet: Norwegen, Schottland, Irland	Z
Forelle, Bio-Zucht Zuchtgebiet: Europa	Z
Pangasius, Bio-Zucht Zuchtgebiet: Vietnam	Z
Tilapia, Bio-Zucht Zuchtgebiet: Honduras, Israel	Z
Garnele (Shrimp), Bio-Zucht Zuchtgebiet: Tropen	Z
Wolfsbarsch, Bio-Zucht Zuchtgebiet: Mittelmeer	Z
Dorade, Bio-Zucht Zuchtgebiet: Mittelmeer	Z
Karpfen Zuchtgebiet: Deutschland	Z
Sardine Fanggebiet: Nordost-Atlantik	W
Sprotte Fanggebiet: Nordost-Atlantik	W
Kabeljau Fanggebiet: Nordost-Arktis	W
Makrele Fanggebiet: Nordost-Atlantik	W

Bedenklicher Fisch: zweite Wahl, Fangmethoden belasten die Natur, Zucht ist kritisch.

Alaska Seelachs Fanggebiet: Nordwest-Pazifik	W
Flunder Fanggebiet: Ostsee	W
Garnele (Nordseekrabbe) Fanggebiet: Nordsee	W
Hering (westliche Ostsee) Fanggebiet: Ostsee	W
Kabeljau (Island) Fanggebiet: Island	W
Kabeljau (Pazifik) Fanggebiet: Pazifik	W
Kliesche Fanggebiet: Nordsee, Pazifik	W
Lachs Fanggebiet: Ostpazifik	W
Sardelle Fanggebiet: Nordost-Atlantik	W
Schellfisch Fanggebiet: Nordsee, Norwegische See, Nordost-Atlantik	W
Scholle Fanggebiet: Nord- und Ostsee, Pazifik	W
Seehecht Fanggebiet: Nordost-Atlantik	W
Thunfisch (Bonito) Fanggebiet: Subtropen und Tropen	W
Viktoriabarsch Fanggebiet: Afrika	W
Zander Fanggebiet: Osteuropa	W
Lachs Zuchtgebiet: Norwegen, Schottland	Z
Forelle Zuchtgebiet: Chile, Europa	Z
Tilapi Zuchtgebiet: Asien, Afrika, Lateinamerika	Z
Pangasius Zuchtgebiet: Vietnam	Z
Wolfsbarsch Zuchtgebiet: Mittelmeer	Z
Dorade Zuchtgebiet: Mittelmeer	Z

Kritischer Fisch: Diese Arten werden stark befischt, daher sollte man sie beim Kauf meiden. Die Art der Zucht oder des Fangs greift stark in die Natur ein.

Aal Fang-, Zuchtgebiet: Europa	W/Z
Garnelen (Shrimp) Fang-, Zuchtgebiet: Tropen	W/Z
Thunfisch, Blauflossen Fanggebiet: weltweit	W/Z
Thunfisch, Roter Fanggebiet: weltweit	W/Z
Thunfisch, Gelbflossen Fanggebiet: weltweit	W
Thunfisch, Großaugen Fanggebiet: weltweit	W
Thunfisch Weißer Fanggebiet: weltweit	W
Dorsch (W) Fanggebiet: Ostsee	W
Dornhai, Schillerlocke Fanggebiet: Nordost-, Nordwest-Atlantik	W
Hai Beifang der Langleinenfischerei und in Grundschleppnetzen.	W
Granatbarsch Fanggebiet: Tiefsee	W
Kabeljau Fanggebiet: Nordost-Atlantik, Ostsee	W
Heilbutt, Schwarzer und Weißer Fanggebiet: Nordost-Atlantik	W
Leng Fanggebiet: Nordost- Westatlantik	W
Lachs (Westpazifik) Fanggebiet: Westpazifik	W
Lachs (Nordost-Atlantik) Fanggebiet: Nordost-Atlantik	W
Blauer Marlin Fanggebiet: Indopazifik	W
Rotbarsch Fanggebiet: Nordost-Atlantik	W
Sardine Fanggebiet: Mittelmeer	W
Schellfisch Fanggebiet: Nordost-Atlantik	W

Scholle Fanggebiet: Ostsee	W
Schwertfisch Fanggebiet: weltweit	W
Seehecht Fanggebiet: Südwest-Atlantik	W
Seeteufel Fanggebiet: Nordost-, Südost-Atlantik	W
Seezunge Fanggebiet: Nordost-Atlantik	W
Snapper Fanggebiet: weltweit	W
Steinbeißer Fanggebiet: Nordost-Atlantik	W
Lachs, Zucht aus Chile Zuchtgebiet: Chile	Z

Quelle Tabellen: WWF (World Wide Fund For Nature)

Fische können im Ganzen verfüttert werden oder, noch besser, als Fischfilet, dann sind sie fast grätenfrei. Gräten in rohen Fischen sind meistens elastischer als im gekochten Fisch.
In diversen Supermärkten erhält man tiefgefrorene Fischfilets, auch mit dem MSC-Siegel. Auch Fisch in Dosen, wie z.B. Thunfisch, darf mit auf den Speiseplan. Auch hier bitte auf das MSC-Siegel achten.

3.3.7 Exoten

Es ist nicht notwendig, exotisches Fleisch zu füttern. Sollte sich aber einmal die Möglichkeit einer guten und günstigen Einkaufsquelle ergeben, so können alle Fleischabschnitte (außer Innereien und Knochen) von Känguru,

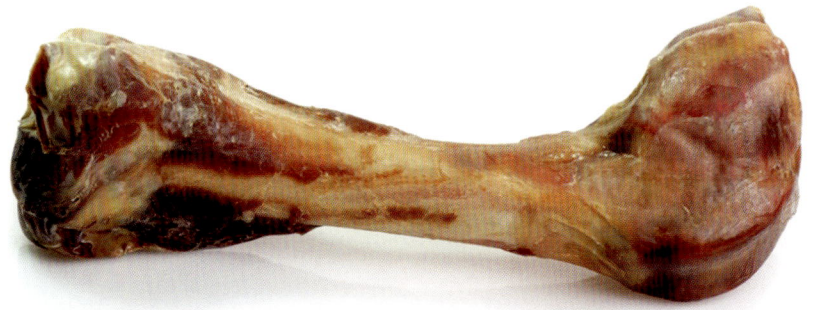

Knochenfütterung

Zebra, Impala oder Kamel gewählt werden. Beim Kauf ist aber darauf zu achten, dass es sich nicht um eine bedrohte Tierart von der »Roten Liste« handelt. Diese Liste verändert sich ständig, weshalb es keinen Sinn machen würde, sie hier einzustellen. Unter http://wwf-arten.wwf.de können die aktuell bedrohten Tierarten abgefragt werden.

3.3.8 Knochenfütterung

Viele Hundehalter möchten den Calciumbedarf ihres Hundes über Knochen decken. Eine dauerhafte Knochenfütterung ist in der Frischfütterung aber nicht zwingend notwendig. Zum einen kommt ein Ungleichgewicht des Calcium-/Phosphorverhältnisses zum tragen (siehe auch 2.5.) und zum anderen möchte ich vor den Gefahren durch Knochenfütterung warnen.
Wenn Knochen verfüttert werden sollen, dann nicht zu häufig in der Woche und nur in moderater Menge. Calciumcitrat sollte zusätzlich zur Neutralisierung des Phosphorüberschusses verabreicht werden.

Vorsicht: Gefahr!

Das Bild vom Hund mit dem Knochen im Maul ist nur allzu bekannt. Unterschätzt werden dabei leider die Gefahren, die bei der Verfütterung von Knochen bestehen können.

■ Das Ungleichgewicht vom Calcium-Phosphorverhältnis kann mit zunehmendem Alter zu Nierenproblemen führen!
■ Phosphorüberschuss im Blut kann Osteoporose verursachen und die Eisenabsorbierung erschweren.
■ Phosphorüberschuss verursacht Acidifikation (Ansäuerung, Übersäuerung) des Organismus und spült Calcium aus den Knochen aus.
■ Phosphorüberschuss erschwert die Absorbierung von Magnesium, Zink und Eisen, was zur Anämie führen kann!

Gefahr durch Markknochen:
In Scheiben geschnittene Markknochen, können beim Versuch des Hundes, diese auszulecken, über den Unterkiefer oder die Zunge geschoben werden. Die Tiere sind dann alleine oft nicht mehr in der Lage, sich zu befreien. Stattdessen beginnen sie, wild mit den Pfoten gegen das Maul zu arbeiten. Blutige Verletzungen sind die Folge. Dem Tierarzt gelingt es meist nur noch unter Narkose, die panischen Hunde von ihrer »Fessel« zu befreien. Wenn Teile der Zunge zu lange abgeschnürt waren, kann sogar eine Amputation der Zungenspitze notwendig werden.
Auch das Verschlucken eines kompletten kleinen Markknochen kann gefährlich sein und zu Darmverschluss führen.

Gefahr durch große, fleischige Knochen:
Werden größere Knochen mit Fleischresten (z.B. Ochsenschwanz) an Hunde verfüttert, so nagen Hunde nicht etwa nur die Fleischreste ab, sondern fressen oft auch die Knochen. Da der Hund nicht kauen kann (er ist ein Schlinger), gelangen Knochenteile weitgehend unverdaut durch das Verdauungssystem. Das Knochenstück kann den Magen-/Darmausgang blockieren. Knochensplitter können Magen- oder Darmwand blockieren oder durchstoßen (perforieren). Es besteht in beiden Fällen Lebensgefahr!
Gelangen unverdaute Knochenstücke in den Dickdarm, wird aus dem Kot eine steinharte, zementartige Masse mit spitzen Bestandteilen, der so genannte Knochenkot. Oft nur unter großen Qualen, teils schmerzhafte Verletzungen erzielend, vermögen einige wenige Tiere sich nach tagelanger Verstopfung schließlich zu lösen. Bei den meisten jedoch muss der Darminhalt vom Tierarzt in Narkose entfernt werden.

Welche Knochen sind für unsere Haushunde geeignet?
In der Natur verhält es sich so, dass Wölfe oder Wildhunde keine großen Knochen fressen! Größere Beutetiere oder Kadaver werden lediglich »bis auf die Knochen« abgenagt.
Kleinere Beutetiere dagegen, die »im Ganzen« gefressen werden können (z.B. Mäuse), verursachen die beschriebenen Beschwerden nicht. Werden nämlich zusätzlich zu den Knochen auch noch Eingeweide, Muskeln und das ebenfalls fast unverdauliche Fell verzehrt, so kann sich kein reiner Knochenkot bilden und die Ausscheidung ist unproblematisch.

Generell gilt, dass Knochen nach einer Mahlzeit gefüttert werden sollten. Die Magensäfte sind dann bereits aktiv und Knochen können besser verdaut werden.

Hühnerhälse – Hier handelt es sich eher um Knorpel als um Knochen, ich nenne sie deshalb auch »Anfängerknochen«.
Putenhälse – Diese sind nur bedingt als »Anfängerknochen« geeignet, da sie meistens recht groß sind.
Kalbsbrustknochen/Kalbsrippen – Als Einstieg, wenn bereits Hühnerhälse gut vertragen wurden, ist der Kalbsknochen gut geeignet, da es sich um einen relativ weichen Knochen eines jungen Tieres handelt.
Lammrippen – Es gelten die Anmerkungen wie beim Kalbsbrustknochen.

3.4 Geeignete Gemüse-, Kräuter- und Obstsorten

Im Gemüse und Obst sind die Grundbausteine der Kohlenhydrate Glucose und Fructose enthalten. Kohlenhydrate dienen der mittelfristigen Energiegewinnung und dürfen in der Hundemahlzeit nicht fehlen. Gemüse wird – wie Getreide auch – in vorverdauter Form über das Beutetier aufgenommen. Wir imitieren diesen Vorgang über einen Garprozess mit anschließendem Pürieren.
Gemüse und Obst, aber auch Kräuter und Salat, liefern Kohlenhydrate, erfüllen aber noch einen anderen Zweck: Die Regulierung des **Säure-Basen-Haushaltes**.
Die Messgröße für den Säure-Basen-Haushalt ist der pH-Wert, der in den verschiedenen Organen und Körperflüssigkeiten sehr unterschiedlich vorhanden ist. Im nüchternen Magen herrscht ein pH-Wert von ca. 0,5 bis 2, damit die Nahrung und insbesondere das Eiweiß aufgespalten erden kann. Im Dünndarm liegt der pH-Wert bei 5 bis 6, so dass hier Enzyme zur Kohlenhydratverdauung aktiv werden können. Im Vergleich dazu liegt der pH-Wert im Blut bei ca. 7,4.

PH-Werte unter 7 gelten als sauer, pH-Werte über 7,4 als basisch. Zu den Säure bildenden Nahrungsmitteln gehören tierische, eiweißreiche Nahrungsmittel wie Fleisch, Fisch und Geflügel, aber auch Milchprodukte wie Hartkäse, bei deren Verdauung sich Schwefel- und Phosphorsäure bilden. Der Geschmack der Nahrung gibt übrigens keinen Anhaltspunkt, ob es sich um ein eher basisches oder saures Nahrungsmittel handelt. Essig oder Zitrone zum Beispiel, die vom Geschmack eher sauer sind, wirken im Organismus basisch und z.B. Nudeln wirken eher sauer. Die Eigenschaft eines Nahrungsmittels basisch oder sauer zu wirken, hängt vom Gehalt an basischen Salzen ab. Deswegen ist eine ausreichende Versorgung mit Mineralstoffen sehr wichtig.

Zu den basischen Salzen gehören Kalzium, Magnesium, Natrium, Kalium und Eisen. Zu den sauren Salzen gehören Schwefel, Phosphor und Chlor.

Basische Lebensmittel sind vor allem: Gemüse, Kräuter, Salat und Obst.

3.4.1 Gemüse

Folgende Gemüsesorten können dem Hund gekocht und püriert angeboten werden:

Staudensellerie	Fenchel
Kohlrabi	Pastinaken
Blumenkohl	Karotten
Brokkoli	Süßkartoffeln
Chicorée	Schwarzwurzel
Romanesco	Zucchini
Chinakohl	Navetten (Mairübe)

Gemüse

3.4.2 Küchenkräuter

Folgende Küchenkräuter können dem Hund frisch, roh und kleingehäckselt oder in getrocknetem Zustand angeboten werden:

Basilikum	Melisse
Brennnessel	Möhrenkraut
Brunnenkresse	Pfefferminze
Dill	Salbei
Fenchel	Schnittlauch
Gartenkresse	Schwarzkümmel
Kerbel	Sellerieblätter
Liebstöckel	Zucchiniblüten

Kräuter

Obst

3.4.3 Obst

Folgende Obstsorten können dem Hund roh und fein gerieben oder geschnitten angeboten werden:

Apfel	Wassermelone
Ananas	Orange
Banane	Johannisbeere,
Erdbeere	rot und schwarz
Feige	Pfirsich
Heidelbeere	Nektarine
Himbeere	Kürbis, kein Zierkürbis,
Honigmelone	sondern Verzehrkürbis-
Kiwi	sorten samt Netz-
Mango	melone, Galiamelone,
Papaya	Charentais-Melone
Aprikose	

3.5 Geeignete Salat-, Sprossen- und Keimsorten

Wie Gemüse, Kräuter und Obst, so wirken auch Salate, Sprossen und Keime günstig auf die Lieferung von Kohlenhydraten und die Regulierung des Säure-Basen-Haushaltes. Salat, Sprossen und Keime sind reich an Vitaminen und Mineralstoffen.

Salat, Sprossen und Keime werden roh, also ungekocht, verfüttert.

Salat kann nach dem Waschen kleingehäckselt oder -geschnitten werden, Sprossen und Keime werden direkt nach der Ernte gepflückt und unter die Mahlzeit vermengt.

3.5.1 Salat

Salat

Folgende Salatsorten können dem Hund roh und kleingehäckselt oder -geschnitten angeboten werden:

Salat	Kopfsalat
Chicorée	Lollo-Rosso
Löwenzahn	Lollo-Bionda
Eichblattsalat	Portulak
Eisbergsalat	Radicchio
Endiviensalat	Romanasalat
Feldsalat	Ruccola (Rauke)
Friseesalat	Gurken
Ingwer	

3.5.2 Sprossen und Keime

Alfalfa	Hirse
Amaranth	Hafer
Buchweizen	Leinsamen
Dinkel	Rotklee
Fenchel	Ruccola
Quinoa	Kresse

Sprossen und Keime

3.6 Oxalsäure

In einigen Gemüse-, Kräuter- und Obstsorten befindet sich Oxalsäure. Diese erschwert die Resorption (Aufnahme) von Eisen im Darm. Nach Aufnahme von Oxalsäure kommt es im betroffenen Gewebe zu einer Verarmung an Calcium. Deshalb keine Fütterung von Welpen, Junghunden bis zum ersten Lebensjahr und kranken Hunden mit folgenden Sorten:

Spinat	Sauerklee
Rote Rüben	Sauerampfer
Mangold	Petersilie
Kakao	Rhabarber

Für alle gesunden, erwachsenen Hunde, die keine Probleme mit der Eisenverwertung haben, sind die aufgelisteten Sorten geeignet.

3.7 Nachtschatten-gewächse

Nachtschattengewächse

Unter anderem gehören Paprika, Auberginen, Tomaten und Kartoffeln in die Kategorie der Nachtschattengewächse. Die unreifen Früchte der meisten Nachtschattengewächse enthalten gefährliche Mengen des Steroid-Alkaloids Solanin. Das Solanin findet sich z.B. auch in den Trieben und den ergrünenden Stellen der Kartoffel oder in grünen Stellen an der Tomate. Nimmt der Hund eine giftige Menge des Solanins zu sich, so zeigen sich schwere Verdauungsstörungen, die von Zittern, Schwächegefühlen, Atemnot und Lähmungen begleitet sein können. Die grünen Stellen **müssen** vor dem Garvorgang entfernt werden!

Kartoffeln:
Kartoffeln enthalten hauptsächlich in den oberirdischen Teilen große Mengen Solanin. Doch auch in bzw. direkt unter der Schale, in den Keimanlagen, in Keimen und in den grünen Bereichen können größere Konzentrationen Solanin vorkommen. Kartoffeln müssen stets gekocht werden (am besten mit der Schale), damit sie vollständig verdaut werden können. Zuvor sind sie zu reinigen, Keime sind zu entfernen. Komplett grüngewordene Knollen nicht gebrauchen (hoher Solaningehalt)!
Rohe Kartoffeln sind unverträglich und unverdaulich! Das Kochwasser ist zu verwerfen, da es das wasserlösliche Solanin enthält.

Tomaten:
Bei Tomaten nimmt der Solaningehalt mit zunehmender Reife ab. Noch grüne Tomaten enthalten deutlich mehr Solanin als rote, ausgereifte Früchte. Da Solanin sehr hitzestabil ist, wird es beim Kochen nicht zerstört. Kleine, grüne Stellen sollten deswegen schon vor dem Kochen entfernt bzw. bei großen Flächen die ganze Tomate entsorgt werden.

Paprika:
Grüne Paprika sind unreife Früchte, die für den Hund giftig sind. Nur rote, gelbe oder orangefarbene Paprika kommen in Betracht.

Auberginen:
Auberginen enthalten große Mengen Solanin und sind roh wie gekocht absolut **tabu**. Sie verursachen Darmbeschwerden und Schleimhautreizungen.

Roh sind Kohlsorten wie z.B. **Wirsing** und **Weißkohl** gänzlich unverdaulich, gekocht oftmals nur sehr schwer. Kohlpflanzen erhöhen das Risiko der Magendrehung, da es zur Aufgasung des Magens kommen kann.
Bei Welpen und Junghunden bis zum ersten Lebensjahr und Hunden mit Eisenverwertungsstörungen an **Oxalsäure** denken!
Bei Nachtschattengewächsen die grünen Stellen vor dem Garen entfernen (**hoher Solaningehalt**).
Grüne Paprika und Auberginen sind **tabu**! Bei **Steinobst** den Kern entfernen und nur das Fruchtfleisch reichen.
Obst, Salat und Kräuter werden roh, kleingeschnitten oder gehäckselt angeboten.

3.8 Getreidefütterung

Getreidefütterung ist unter Hundehaltern ein sehr umstrittenes Thema. Zum einen heißt es: »Der Wolf plündert kein Getreidefeld!« und zum anderen: »Das Verdauungssystem ist doch überhaupt nicht auf Getreidefütterung ausgelegt, also bitte kein Getreide im Hundefutter.«
Was viele Hundehalter dabei leider nicht bedenken (und das ist übrigens der einzige Grund, warum der Wolf/Wildhund kein Getreidefeld plündert) ist, dass er Getreide in **vorverdauter Form** durch sein Beutetier aufnimmt, wenn auch nur in geringer, aber bedeutender Menge.
Um dem Zweifler die Besorgnis oder das Missfallen gegenüber Getreide zu nehmen, wenn es durch den Einsatz zu Allergien und Hautkrankheiten kommt, möchte ich anmerken, dass es auf die richtige Wahl und die Menge der Getreidesorten ankommt. Ich habe häufig

Hunde in meiner Betreuung, die auf Getreide im Trockenfutter allergisch reagieren, aber mit den für Hunde geeigneten Sorten in moderater Menge in der Frischfütterung wunderbar zurechtkommen. Geeignete Sorten werden in den nachfolgenden Abschnitten aufgelistet.
Wenn Hunde unter Hüftgelenksdysplasie (HD), Ellbogendysplasie (ED), Arthrosen, Arthritis oder Spondylose leiden, kann der Hundehalter glutenfreies Getreide verfüttern.
Auch habe ich Hunde in meiner Betreuung, die ohne Getreideanteil in der Nahrung bereits Frischkost erhalten, wenn sie mir vorgestellt werden. Aber durch den fehlenden Getreideanteil als adäquaten Energielieferanten haben sie oftmals einen deutlichen Proteinüberschuss durch ein Zuviel an Fleisch, was sich in Ruhelosigkeit, Hektik und Unaufmerksamkeit zeigt. Außerdem weisen Blutbilder häufig einen deutlich erhöhten Phosphorgehalt auf.
Wichtig ist in jedem Fall, dass die Getreidesorte sorgfältig bedacht wird und die Menge auf den jeweiligen Hund abgestimmt wird.

Die Vorteile der Getreidefütterung mit geeigneten Sorten in moderater Menge sind:
- Zweckmäßiger Energielieferant, um dem deutlich niedrigeren Proteinbedarf des Haushundes gerecht zu werden.
- Schleimstoffbildende Fähigkeiten; das bedeutet, es tritt eine reizmildernde Wirkung auf die Schleimhäute ein (z.B. Haferschleim legt sich schützend auf die Magen-/Darmschleimhaut, wenn der Hund erbricht oder unter Durchfall leidet). Zur Vorbeugung oder bei bereits bestehenden Entzündungen des Magen-/Darmtrakts wird z.B. Leinsamen- oder Haferschleim gegeben.
- Als Ballaststoff Stuhlgang regulierend, indem das Darmvolumen gesteigert wird (z.B. Leinsamenschleim).
- Reich an Vitaminen und Mineralstoffen.

Die Nachteile der Getreidefütterung sind:
- Bei unangepasster Menge macht sich ein zu hoher Getreideanteil durch Unausgeglichenheit des Wesens und breiigen, hellen Kot bemerkbar.
- Reisbeigabe bei Magenverstimmungen: Reiskörner können den Magen unnötig reizen. Vorgegarter Reis in Flockenform ist wesentlich besser geeignet.
- Reisbeigabe bei Durchfällen: Reis entwässert und sorgt so für unnötigen Mineralstoffverlust, der ohnehin schon bei Durchfällen eintritt.

3.8.1 Getreide

Reis

Dinkel

Kamut

Hafer

Hirse

Beim Getreide unterscheiden wir zwischen Getreide, Getreideprodukten und Pseudogetreide.

Folgende Getreide können dem Hund in gekochtem Zustand angeboten werden:

Dinkel

Dinkel kann als das reinste Getreide angesehen werden, weil er aufgrund seiner hervorragenden Pilz- und Schädlingsresistenz fast ohne Insektizide, Herbizide und Pestizide angebaut werden kann. Aus heutiger ökologischer Sicht ist Dinkel ideal. Dinkel wird entweder als Grünkern geerntet oder nach völliger Reifung im Mähdreschverfahren. Da die Körner des Dinkels auch nach dem Dreschen von den Spelzhüllen fest umschlossen bleiben, müssen diese vor dem Vermahlen in der Mühle entfernt werden, was als Gerben bezeichnet wird. Das Korn-Spelz-Gemisch gelangt danach in einen Reinigungsprozess, in dem die Spreu vom Korn getrennt wird.

Dinkel ist reich an den Vitaminen A, E, B1, B2 und Niacin. Auch der Anteil an wertvollen Fettsäuren und Mineralstoffen (Eisen, Magnesium, Phosphor und Calcium) ist höher als bei anderen Getreidearten. Spurenelemente, Vitalstoffe, komplexe Kohlenhydrate und Fette, sowie gespeicherte Sonnenenergie in hoher Konzentration, zeichnen das Superkorn außerdem aus. Dinkel kann als Alternative zu Weizen bei Weizenunverträglichkeit gefüttert werden.

Reis

Reis ist eine Pflanzengattung aus der Familie der Süßgräser. Im Handel unterscheidet man zwischen Langkornreis (z.B. Brühreis) und Rundkornreis (z.B. Milchreis).

Nach dem Ernten und Dreschen wird der braune Reis getrocknet und gereinigt. Ungeschälter Reis hat einen deutlich höheren Nährwert als die geschälte Variante. Während Vollkornreis (Naturreis) noch alle Vitamine und Mineralstoffe enthält, hat geschälter Reis nur noch einen kleinen Teil davon, da sie vor allem im äußeren Silberhäutchen konzentriert sind (Proteine und Vitamine der B-Gruppe, Vitamine E und K).

Um den meistverkauften weißen Reis herzustellen, wird das so genannte Silberhäutchen mit Hilfe einer Maschine vom Korn getrennt. Anschließend werden die Körner mit Glucose und Talkum poliert, damit sie weiß werden.

Das Polieren ist manchmal notwendig, weil das Häutchen auch Fett enthält, das im tropischen Klima leicht verdirbt.

Parboiled Reis ist speziell behandelter und erst anschließend geschälter Reis, bei dem etwa 80 % der Vitamine und Mineralstoffe erhalten bleiben.

Kamut®

Kamut ist eine Urform des Weizens und besonders nährstoffreich. Der amerikanische Farmer Bob Quinn verbrachte rund ein Jahrzehnt damit, die spezielle Weizenart zu untersuchen und zu kultivieren. Quinn benannte das Getreide nach dem alten, ägyptischen Wort für Weizen: Kamut. Die Familie Quinn ließ sich den Namen Kamut als eingetragenes Markenzeichen gesetzlich schützen.

Das Getreide enthält 20 bis 40 % mehr Vitamine und Mineralstoffe als Weizen. Kamut stammt bisher grundsätzlich aus kontrolliert-biologischem Anbau. Das Getreide spricht – wie Dinkel – schlecht auf Kunstdünger und Pestizide an und ist deshalb für die konventionelle Landwirtschaft nicht interessant. Wegen seiner Ursprünglichkeit und den guten Eigenschaften wurde Kamut von der Naturkostbewegung in den letzten Jahren wiederentdeckt.

Hirse

Hirse ist ein sehr mineralstoffreiches Getreide. In Hirse sind Fluor, Schwefel, Phosphor, Magnesium, Kalium und besonders viel Silizium (Kieselsäure) und Eisen enthalten. Sie wird auch als das Getreide bezeichnet, das »innerlich wärmt«, da es den Stoffwechsel anregt. Hirse gehört zu den Basen bildenden Getreidesorten und ist glutenfrei.

Hafer

Hafer zählt – wie Hirse – zu den wärmenden Getreidesorten. Die Pflanze enthält essentielle Aminosäuren, Kohlenhydrate, Lecithin, Provitamin A (Karotin), die Vitamin-B-Gruppe, die Vitamine E und K, Folsäure und Niacin. An Mineralstoffen sind u.a. Calcium, Phosphor, Eisen, Mangan, Kupfer, Zink, Magnesium, Kalium, Natrium und Schwefel vorhanden. Hafer kann auch bei Erkältungskrankheiten und Magen-/Darmverstimmungen eingesetzt werden (Haferschleim).

Zubereitung Haferschleim: Haferflocken in einem Topf mit kaltem Wasser einrühren, aufkochen lassen und unter Rühren so lange köcheln, bis sich eine schleimige Masse bildet. Nach Abkühlung kann der Haferschleim dann verfüttert werden.

Der Spruch: »Ihn sticht der Hafer« kommt daher, dass ein Großteil des Hafers als leistungsförderndes Tierfutter verwertet wird. Als Kraftfutter macht Hafer so manchen müden Gaul wieder zum stolzen Ross.

3.8.2 Getreideprodukte

Geeignete Getreideprodukte:
Dinkelflocken (Beschreibung siehe Dinkel)
Kamutflocken (Beschreibung siehe Kamut)
Reisflocken (Beschreibung siehe Reis)
Hirseflocken (Beschreibung siehe Hirse)
Haferflocken (Beschreibung siehe Hafer)
Getreidesprossen, z.B. Alfalfa (Luzerne) und Kresse, Vitamin- und Mineralstoffreich

Getreidemahlerzeugnisse, z.B. Kamut-

Kamutflocken

Dinkelflocken

Haferflocken

Kamutgrieß

grieß (Beschreibung siehe Kamut) oder Leinsamenschrot (Leinsamenschrot sorgt für eine gute Darmperestaltik).

Zubereitung Leinsamenschrot:

Ca. ein bis zwei Teelöffel Leinsamenschrot (je nach Größe des Hundes) in ein kleines Glas warmes Wasser geben, 15 Minuten stehen lassen, umrühren und komplett unter die Mahlzeit rühren.

Leinsamenschleim:

Leinsamenschleim aus Leinsamenschrot kann zum Schutz der Magen- und Darmschleimhaut verfüttert werden. Zur Vorbeugung genügt es, einmal pro Woche Leinsamenschleim zu verabreichen.

Zubereitung: 1/4 Liter Wasser und 1 Teelöffel geschrotete Leinsamenkörner fünf Minuten kochen, abseihen und abkühlen lassen. Anschließend unter die Mahlzeit rühren.

Eine Anmerkung zu Leinsamen:

Leinsamen enthält Linustatin und Neolinustatin. Diese Blausäure-Vorstufen entsprechen nach ihrer Umwandlung einer Menge von rund 50 mg Blausäure auf 100 g Leinsamen. Der geringe Wassergehalt der Samen und der saure pH-Wert im Magen verhindern jedoch Vergiftungen bei Aufnahme normaler Mengen. Hier gilt: Die Dosis macht das Gift! Denn 100 g Leinsamen kommen in einer ausgewogenen Mahlzeit niemals vor, wir füttern maximal ein bis zwei Teelöffel.

Getreideöl, z.B. Leinöl

Leinöl enthält größtenteils (90 % und mehr) ungesättigte Fettsäuren und hat insbesondere einen hohen Anteil an der Omega-3-Fettsäure alpha-Linolensäure.

Kaltgepresstes Leinöl ist heißgepresstem Leinöl vorzuziehen. Die Leinsaat wird im schonenden Kaltpressverfahren mit Hilfe einer Schneckenwalze bei geringem Druck durch einen Presszylinder gedrückt.

3.8.3 Pseudogetreide

Amaranth

Buchweizen

Quinoa

Pseudogetreide nimmt eine Sonderstellung ein. Es ist kein Getreide, sondern besteht aus Körnerfrüchten von Pflanzen, die nicht zur Familie der Gräser (alle echten Getreidearten) gehören. Die Früchte sind meist sehr reich an Stärke, Eiweiß, Mineralstoffen und Fett. Sie besitzen keine Eigenbackfähigkeit wie z.B. Weizen oder Roggen, da sie glutenfrei sind (Gluten = Leim; in Verbindung mit Wasser bildet Gluten sogenanntes Klebereiweiß).

Pseudogetreide kann auch bei allen Gelenks-

problemen oder bei Getreideallergien des Hundes verfüttert werden, da es sich hierbei eben nicht um eigentliches Getreide handelt.

Pseudogetreidesorten:

Amaranth (Amaranthus caudatus)
Amaranth, das Kraftkorn der Azteken, ist leicht verdaulich. Es wird auch das »heilige Getreide« genannt. Es ist kein echtes Getreide, sondern gehört zur Gattung der Gartenfuchsschwänze. Neben hochwertigem Eiweiß und ungesättigten Fettsäuren enthält es außerdem viel Kalzium, Magnesium und Eisen. Zudem liefert es wertvolle Phosphorlipide (Lieferanten für Lezithin). Amaranth wird traditionell gern bei Magen- und Darmproblemen verfüttert. Es hat sich zudem bei Magengeschwüren als hilfreich erwiesen. Amaranth hat einen weit höheren Eiweiß- und Mineralstoffgehalt als die weltweit traditionell angebauten Getreidesorten. Die Proteine bestehen aus vielen essenziellen Aminosäuren, der Gehalt an Calcium, Magnesium, Eisen und Zink ist sehr hoch. Kohlenhydrate und Ballaststoffe sind in gleich großen Mengen vorhanden. Bei dem enthaltenen Fett handelt es sich zu ca. 70 % um ungesättigte Fettsäuren. Die Inhaltsstoffe sind nicht nur in großen Mengen enthalten, sondern in einem für die Ernährung des Hundes sehr günstigen Verhältnis kombiniert. Amaranth ist gluten-, hefe- und laktosefrei.

Buchweizen (Fagopyrum esculentum)
Buchweizen, oft auch Heidekorn genannt, ist kein Getreide, sondern gehört zu den Knöterichgewächsen. Die Körnchen sind reich an Aminosäuren (vor allem Lysin und Tryptophan). Neben Vitamin E und Vitaminen der B-Gruppe sind vor allem die Mineralstoffe Kalium, Calcium, Phosphor, Magnesium, Eisen und Fluor von Bedeutung. Buchweizen ist gluten-, hefe- und laktosefrei.

Quinoa (Chenopodium quinoa)
Quinoa ist kein Getreide, sondern ein Gänsefußgewächs. Der Gehalt an Eiweiß und Mineralien (besonders Magnesium und Eisen) übertrifft sogar den der echten Getreidearten. Quinoa enthält in den Samen über 50 % ungesättigte Fettsäuren und liefert hochwertiges Eiweiß und reichlich B-Vitamine, die für die Nerven und den Stoffwechsel wichtig sind. Die Stärke aus Quinoa ist besonders leicht verdaulich. Quinoa ist gluten-, hefe- und laktosefrei.

Amaranth, Buchweizen und Quinoa gibt es im Handel entweder als ganzes Korn, welches gekocht werden muss, oder auch als Flocken, welche nur eingeweicht werden müssen.

3.8.4 Gluten

Eine Unverträglichkeit gegenüber Gluten (Klebereiweiß), das in einigen Getreidesorten vorkommt und in vielen Fertigprodukten als Zusatzstoff verwendet wird, nennt man im Humanbereich Zöliakie. Die Überempfindlichkeit des Immunsystems gegen Gluten zerstört die Schleimhaut des Dünndarms und führt so zu vielfältigen Verdauungsstörungen. Durchfälle und Mangelernährung sind die Folge. Die gestörte Aufnahme der Nährstoffe und die daraus resultierenden Mängel sind beim Menschen ebenso nachgewiesen wie die Behinderung der Aufnahme der fettlöslichen Vitamine A, D, E, K oder die Entstehung von Osteoporose.
Zwar wurde beim Hund bislang wissenschaftlich kein negativer Zusammenhang zwischen Arthrose und Getreidefütterung nachgewiesen, doch konnte, besonders bei Junghunden großwüchsiger Rassen, beobachtet werden, dass bei einer Fütterung mit Getreide oder Getreideprodukten (in diversen Trockenfuttersorten befinden sich z.B. Weizen, Soja) ohne Ergänzung von Mineralstoffen und entsprechen-

dem Calcium-/Phosphorverhältnis eine Erweichung der Knochen erfolgte. Aus meiner Erfahrung heraus verbessern sich Gelenksprobleme durch glutenfreie Getreidesorten oder Pseudogetreide, welches von Hause aus bereits einen guten Mineralstofflieferanten darstellt. Das Gleiche gilt bei Futtermittel-Allergien. Bei nachgewiesener Getreideallergie – hauptsächlich gegen Weizen, Soja oder Mais, wobei Mais als nicht glutenhaltige Getreidesorte gilt –, führen Pseudogetreide nicht zu einer Allergie, da sie allergenarm sind und über mehrfach ungesättigte Fettsäuren verfügen.

Glutenhaltig sind: Weizen, Roggen, Hafer, Gerste, Grünkern, Dinkel und Kamut.

Glutenfrei sind: die Pseudogetreidesorten Quinoa, Amaranth und Buchweizen, aber auch die Getreidearten Hirse, Wildreis, Sesam, Leinsamen.

3.9 Eier

Eier

Vogeleier
Das Hühnerei ist das gebräuchlichste Ei für den Hund. Das Eidotter kann roh gefüttert werden. Das Eiklar sollte aber stets gekocht angeboten werden. In kleinen Mengen enthält

Eiklar insbesondere das Protein **Avidin**. Avidin bildet einen stabilen Komplex, der im Verdauungstrakt weder gespalten noch resorbiert werden kann. Daher kann es bei Fütterung von rohem (!) Eiklar über längere Zeit zu einem Biotin-Mangel kommen, in dessen Folge Dermatitis, Haarausfall und neurologische Störungen auftreten können. Durch Erhitzen wird das Avidin denaturiert, gekochte und gebratene Eier sind deshalb »ungefährlich«.

Weniger gebräuchlich, weil zum Teil nur als teure Delikatesse erhältlich:
Wachteleier
Fasaneneier
Rebhuhneier
Puteneier
Perlhuhneier
Möweneier
Zwerghuhneier
Diese Eier sollten stets ca. 10 Minuten gekocht und dann erst verfüttert werden!

Fischeier
Störeier: Die Eier des Störs werden als echter, die anderer Fischarten als falscher Kaviar angeboten.

Ungeeignete Eiersorten:
Enteneier
Gänseeier
Straußeneier

3.10 Milchprodukte

Ein Milcherzeugnis oder Milchprodukt ist ein Lebensmittel, dessen Zutaten hauptsächlich aus Milch bestehen.
Die Muttermilch des Menschen, so wie die aller Säugetiere, enthält Lactose. Sie spielt bei der Ernährung von jungen Säugetieren im Wachstum eine große Rolle.

Milchprodukte

Lactosegehalt ca. auf 100 g	
Butterschmalz	0
Edelpilzkäse	unter 0,1
Emmentaler	unter 0,1
Schafskäse	unter 0,1
Feta	0,5
Butter	0,6–0,7
Brie	bis 2
Edamer	bis 2
Gouda	bis 2
Camembert	bis 2
Mozzarella	bis 2
Quark	2,6–4
Hüttenkäse	2,6
Sahne	2,8–4
Schmelzkäse	2,8–6,3
Schichtkäse	2,9–3,8
Frischkäse	2–4
Buttermilch	3,5–4
Kefir	3,5–6
Creme fraiche	3,6
Joghurt	3,7–5,6
Dickmilch	3,7–5,3
Ziegenmilch	4,1
Vollmilch	4,6–4,8
Schafsmilch	4,8
Kuhmilch	4,8–5
Milchpulver	38–51
Molkepulver	70

Um Lactose verwerten zu können, muss sie bei der Verdauung in die beiden Einfachzucker Galactose und Glucose gespalten werden. Hierzu ist das körpereigene Enzym Lactase notwendig, das im Erwachsenenalter nur noch in geringerer Menge gebildet wird. Kann Lactose aufgrund eines Mangels an Lactase nicht verdaut (und somit auch nicht aufgenommen) werden, so spricht man von Lactoseunverträglichkeit oder Lactoseintoleranz.

Lactose befindet sich in jedem Milchprodukt. Aber nicht jedes Milchprodukt ist bei Lactoseintoleranz unverträglich! Es kommt auf die Verarbeitungsweise an, wie viel Lactose im fertigen Produkt übrig bleibt.

Als lactosefrei gelten Produkte mit weniger als 0,1 g Lactose pro 100 g Lebensmittel.

In nebenstehender Tabelle finden sich nur ungefähre Angaben, da es auf die Verarbeitung des jeweiligen Produktes ankommt.

Milchprodukte müssen nicht gefüttert werden, stellen aber eine Bereicherung des Speiseplanes dar. Ein Hund darf jede Fettstufe erhalten, diese sollte allerdings angepasst sein an den Gewichtszustand des Hundes. Ob der jeweilige Hund Milchprodukte verträgt, liegt an ihm selber, nämlich daran, ob er die eventuell vorhandene Lactose verarbeiten kann. Das merkt man aber recht schnell: Treten nach drei- bis viermaliger Fütterung ein und desselben Produktes Durchfälle auf, so wird es nicht vertragen. Alternativ könnte ein anderes Produkt getestet werden.

Geeignete Milchprodukte:

Naturjoghurt	Ziegenmilch
Speisequark (Topfen)	Dickmilch
Frischkäse	Emmentaler
Gekörnter Frischkäse	Schafskäse
Hüttenkäse	Fetakäse
Schmand	Butter
Sahne	Brie
Crème fraiche	Edamer
Kefir	Gouda
Buttermilch	Camembert
Schichtkäse	Mozzarella

3.11 Öle

Öle sind wichtige ungesättigte Fettsäurelieferanten und sollten sich täglich in der Hundemahlzeit befinden. Sie sind wichtig für den Stoffwechsel, vorbeugend gegen trockene, juckende Haut und hilfreich bei allergischen Erkrankungen, Neigung zur Schuppenbildung oder dünnem Fell. Sie stärken das Immunsystem und unterstützen die Nieren- und Leberfunktionen.

Leinöl

Leinöl enthält größtenteils (90 % und mehr) ungesättigte Fettsäuren und hat insbesondere einen hohen Anteil an der Omega-3-Fettsäure Alpha-Linolensäure. Kaltgepresstes Leinöl ist heißgepresstem Leinöl vorzuziehen! Die Leinsaat wird im schonenden Kaltpressverfahren mit Hilfe einer Schneckenwalze bei geringem Druck durch einen Presszylinder gedrückt.

Hanföl

Hanföl wird aus den Samen der Hanfpflanze gepresst und gilt als eines der wertvollsten Speiseöle. Nur wenige Speiseöle neben dem Hanföl enthalten die essentielle, dreifach ungesättigte Gamma-Linolensäure. Die entzündungshemmenden Eigenschaften der Fettsäuren des Hanföls können eine deutliche Reduktion von Gelenkserkrankungen bewirken, ohne Nebenwirkungen hervorzurufen (gilt auch für Leinöl). Hanföl ist auch besonders hilfreich bei Dermatitis. Als Gegenspieler der Omega-6-Fettsäuren ist die Omega-3-Fettsäure Eicosapentaensäure (EPA) reichlich enthalten.
Kaltgepresstes Hanföl ist heißgepresstem Hanföl vorzuziehen!

Walnussöl

Walnussöl besitzt einen hohen Gehalt an mehrfach ungesättigten Fettsäuren, so wie Vitamin E und B. Es wirkt Entzündungen entgegen. Kalt gepresstes Walnussöl ist heiß gepresstem Walnussöl vorzuziehen!

Lachsöl

Lachsöl hat ebenfalls einen hohen Gehalt an Omega-3-Fettsäuren und besitzt eine vorbeugende Wirkung gegen viele Herzerkrankungen, da der Cholesterinspiegel gesenkt wird und die Fließeigenschaften des Blutes entscheidend verbessert werden.

Nachtkerzenöl

In der Naturheilkunde hat heute vor allem das Nachtkerzenöl eine Bedeutung. Dieses, aus den Samen der Nachtkerze gewonnene Öl, wird zur Behandlung und zur symptomatischen Erleichterung von Juckreiz, Haut- und Ohrenentzündungen, allergischen Reaktionen und Wundheilung innerlich eingesetzt. Nachtkerzenöl kann als Kur für Haut und Fell über eine Dauer von ca. 8 Wochen angewendet werden oder als Dauergabe bei chronischen Erkrankungen. Druck- und Liegestellen an den Ellenbogen können durch Einreibungen mit Nachtkerzenöl wesentlich gelindert werden.

Lebertran

Lebertran besteht aus leicht verdaulichem Fett, enthält Omega-3-Fettsäuren, Jod, Phosphor, Vitamin E und besonders hohe Mengen Vitamin A und D. Vitamin D spielt eine wesentliche Rolle bei der Regulierung des Kalziumgehaltes im Blut und beim Knochenaufbau. Lebertran sorgt für ein schönes Fell, beugt Haarverlust vor und unterstützt den Stoffwechsel.

Schwarzkümmelöl

Schwarzkümmelöl unterstützt das Immunsystem und die Atemwege und beugt Erkältungskrankheiten und Magen-Darmbeschwerden vor. Im Schwarzkümmelöl befinden sich wertvolle, mehrfach ungesättigte Fettsäuren.

Abwechslung ist wichtig, um Mangelerscheinungen vorzubeugen, deshalb sollte öfters zwischen mehreren Ölsorten gewechselt werden. Es muss aber nicht zwingend täglich ein anderes Öl gegeben werden, es kann auch jeweils eine kleine Flasche verbraucht werden und dann wird zur nächsten gewechselt. Sinnvoll zu verwenden sind: Leinöl, Hanföl, Walnussöl und Schwarzkümmelöl.

Ausnahme: Lachsöl sollte aber nur ein- bis zweimal pro Woche gefüttert werden, Lebertran maximal einmal. In der Praxis sieht es dann so aus, dass in den sieben Tagen der Woche ca. vier- bis fünfmal Leinöl, Hanföl oder Walnussöl gereicht werden und für den Rest der Tage ein- bis zweimal Lachsöl und einmal Lebertran angeboten wird.

Der tägliche Bedarf an essentiellen Fettsäuren sollte pro Tag ca. 0,3 g pro Kilogramm Körpergewicht des Hundes sein. Wiegt ein Hund 15 kg, so sollte er 4,5 g Öl täglich erhalten. Das Öl wird unter die Mahlzeit gerührt.

Allerdings muss die Menge nicht jedes Mal abgewogen werden: Ein Teelöffel besitzt eine Aufnahmefähigkeit von ca. 3 g und ein Esslöffel von ca. 10 g.

Nachfolgender Tabelle ist das Gewicht des Hundes zu entnehmen und die in Relation benötigte Ölmenge zu ersehen:

Gewicht des Hundes	Ölmenge in g	Gewicht des Hundes	Ölmenge in g
2,5	0,75	45	13,5
5	1,5	50	15
10	3	55	16,5
15	4,5	60	18
20	6	65	19,5
25	7,5	70	21
30	9	75	22,5
35	10,5	80	24
40	12	85	25,5

Kaltgepresste Öle niemals erhitzen! Lein-, Hanf-, Walnuss- und Schwarzkümmelöl sollten abwechselnd gefüttert werden.
Lachsöl sollte dauerhaft ein- bis zweimal pro Woche in den Futternapf wandern. Lebertran sollte einmal die Woche angeboten werden.

3.12 Nahrungsergänzungen (Supplemente)

Nahrungsergänzungsmittel, auch Supplemente genannt, sind Produkte zur verbesserten Versorgung des Stoffwechsels mit bestimmten Nähr- oder Wirkstoffen. Sie wirken individuell unterschiedlich.

So kann man Nahrungsergänzungen z.B. einsetzen zur:

1. Behandlung von Krankheitssymptomen, begleitend neben einer tierärztlichen Therapie. Der Einsatz von Nahrungsergänzungen darf aber niemals eine tierärztliche Behandlung ersetzen!
2. Vorbeugung von Mangelerscheinungen.
3. Unterstützung bei außergewöhnlicher körperlicher Belastung (z.B. Trächtigkeit, Säugezeit, Leistungssport).
4. Gesunderhaltung aller gesunden Hunde.
5. Unterstützung aller genesenden Hunde, angepasst an den jeweiligen Gesundheitszustand.

Zu beachten ist beim Einsatz von Nahrungsergänzungsmitteln, dass sie frei von chemischen

Jule

Zusatzstoffen, synthetischen Mineralstoffen, synthetischen Vitaminen, Giftpflanzen (in Kräutermischungen) und Konservierungsstoffen sind.

Generell gilt, dass weniger mehr ist. Das bedeutet, dass Ergänzungsmittel nicht in einer Vielzahl in der Nahrung vorhanden sein sollten. **Zwei** bis **vier** Ergänzungsstoffe täglich reichen für gesunde Hunde in der Regel völlig aus.

Es gibt im Handel wesentlich mehr Nahrungsergänzungsmittel, als die hier aufgezählten. Die hier aufgezählten Supplemente sollten aber stets gereicht werden.

Zur täglichen Ergänzung

Calciumcitrat sollte täglich in der Mahlzeit vorhanden sein, wenn keine Knochen gefüttert werden. Knochen sollten allerdings nicht zur Deckung des Calciumbedarfs gefüttert werden.

Calciumcitrat

Calciumcitrat ist ein Salz der Zitronensäure und organischen Ursprungs. Es ist ein weißer, geruchloser und geschmacksneutraler Feststoff.

Der Calciumgehalt beträgt 21 %. Calciumcitrat ist für die Steuerung und Regulierung der Kontrollfunktionen von Stoffwechselvorgängen wichtig. Der Organismus kann Calcium am besten als Calciumcitrat aufnehmen, da es in organischer Form vorliegt. Calcium wird vom Körper überwiegend zur Härtung für Knochen und Zähne benötigt. Es erfüllt aber auch in anderen Geweben eine Vielzahl von biochemischen Funktionen (z.B. die Blutgerinnung) und ist an der Übertragung von Nervenimpulsen, sowie an der Kontraktion der Muskelfasern beteiligt. Aufgrund der organischen Zitronensäure ist die Bioverfügbarkeit des enthaltenen Calciums höher als bei den anorganischen Calciumsalzen wie Calciumcarbonat

Körpergewicht, ausgewachsener Hund	Calciumcitrat, täglich
5 kg	436 mg
10 kg	732 mg
15 kg	992 mg
20 kg	1230 mg
25 kg	1455 mg
30 kg	1669 mg
35 kg	1873 mg
40 kg	2070 mg
45 kg	2262 mg
50 kg	2447 mg
55 kg	2629 mg
60 kg	2806 mg
65 kg	2980 mg
70 kg	3150 mg
75 kg	3317 mg
80 kg	3481 mg

(kohlensaurer Kalk). Calciumcarbonat kommt vor allem in Form von Sedimentgesteinen (z.B. Kalkstein) vor.

Dosierung von Calciumcitrat

Die Dosierung kann nur pauschal angegeben werden. Sie ist abhängig von den gefütterten Nahrungsmitteln, die ebenfalls Calcium und/oder Phosphor enthalten.

Bei Welpen und Junghunden sollte die Calciumversorgung mittels nachstehender Tabelle gedeckt werden, dazu sollte das erwartete Endgewicht möglichst abgesehen werden können.

Wie die Tabelle zu verstehen ist:

Als Beispiel nehmen wir einen Welpen mit erwartetem Endgewicht von 25 kg.

Er wiegt momentan 8 kg, also liegt er noch unterhalb der Hälfte (12,5 kg) des erwarteten Endgewichts. Er braucht ca. 4382 mg Calciumcitrat täglich.

Erwartetes Endgewicht (EE)	Bis zur Hälfte des EE Calciumcitrat täglich	Ab Hälfte des EE bis zum Endgewicht Calciumcitrat täglich
5 kg	678 mg	701 mg
10 kg	1069 mg	1179 mg
15 kg	2897 mg	3137 mg
20 kg	3733 mg	3913 mg
25 kg	4382 mg	4642 mg
30 kg	5112 mg	5275 mg
35 kg	5704 mg	5941 mg
40 kg	6370 mg	6630 mg
45 kg	6830 mg	7150 mg
50 kg	7552 mg	7756 mg
55 kg	7992 mg	8345 mg
60 kg	8595 mg	8925 mg
65 kg	9098 mg	9437 mg
70 kg	9750 mg	9880 mg
75 kg	10236 mg	10373 mg
80 kg	10716 mg	11112 mg

Der gleiche Welpe hat nun zugenommen und wiegt 15 kg, also über der Hälfte des erwarteten Endgewichts (> 12,5 kg). Er benötigt daher 4642 mg Calciumcitrat täglich. Wenn er sein Endgewicht erreicht hat, in unserem Beispiel 25 kg, bekommt er fortan ca. 1455 mg Calciumcitrat pro Tag (siehe Tabelle S. 102).

Allerdings muss die Menge nicht jedes Mal abgewogen werden: Ein gehäufter Teelöffel besitzt eine Aufnahmefähigkeit von ungefähr 840 mg und ein gehäufter Esslöffel von ca. 2100 mg Calciumcitrat (bezogen auf den festen Calciumgehalt in Calciumcitrat von 21 %).

Abwechselnd gegebene Nahrungsergänzungen

Nicht alle der nachfolgend erwähnten Zusätze müssen täglich in den Hundenapf, sollten sich aber bei Hunden ab der achten bis neunten Lebenswoche ca. einmal alle 7–10 Tage in der Mahlzeit befinden.

Spirulina (Spirulina platensis)

Die Spirulina platensis ist keine Alge im eigentlichen Sinne, sie gehört zu den so genannten Blaubakterien. Ihre Zellen besitzen keinen Zellkern und die Zellhülle ist so weich, dass die in ihrem Organismus reichlich enthaltenen Nährstoffe, Vitamine und Mineralien leicht über den Darm aufgenommen werden können. Spirulina wird in extrem basischen Süßwasserseen oder Anlagen mit pH-Werten zwischen 8 bis 10 gezüchtet. Bei der Verstoffwechselung unterstützt sie die Basenbildung und wirkt Übersäuerung entgegen. Ihr Jodgehalt ist niedrig (keine Meeresalge), daher kann man sie unbedenklich an Tiere mit Schilddrüsenproblematik verfüttern. Spirulina enthält bis zu 70 % hochwertiges, leichtverdauliches Eiweiß und nahezu alle essentiellen Aminosäuren. Spirulina wird auch in pulverisierter Form im Handel angeboten, so kann es gut unter das Futter gemischt werden.

Chlorella (chlorella pyrenoidosa)
Die einzellige Grünalge Chlorella gedeiht in Süßgewässern. Da sie nicht aus dem Meer kommt, ist ihr Jodgehalt gering und ihre Einnahme bei Tieren mit Schilddrüsenproblemen unbedenklich. Besonderheiten der Chlorella: Sie optimiert die Stoffwechselfunktionen, fördert die Zellneubildung, verbessert die Futterverwertung und stärkt das Immunsystem. Sie besitzt eine blutreinigende Wirkung und die Fähigkeit, Schadstoffe zu binden. Im getrockneten Zustand beträgt der Eiweißanteil der Chlorella bis zu 60 %. Damit eignet sie sich ebenso wie die Spirulina zur Nahrungsergänzung bei Tieren mit Unverträglichkeiten gegen tierisches Eiweiß. Auch Chlorella ist meistens in pulverisierter Form im Handel erhältlich, was sie leicht unter das Futter mischen lässt. In Kapsel- oder Tablettenform wird sie auch für den Humanbereich angeboten.

Gemahlene Hagebuttenschalen
Gemahlene Hagebuttenschalen enthalten auch im getrockneten Zustand noch außergewöhnlich viel Vitamin C. Vitamin C ist ein hoch wirksames Antioxydans. Es wirkt unter anderem der Entstehung von freien Radikalen entgegen und kann so in psychischen oder physischen Stresssituationen das Immunsystem stärken. Dabei ist natürlich gebundenes Vitamin C in der Regel bekömmlicher und wird sehr viel besser vom Körper aufgenommen, als synthetisch hergestellte Ascorbinsäure. Hunde können Vitamin C selber herstellen, aber eine Ergänzung ist trotzdem sinnvoll.

Seealgenmehl (Ascophyllum Nodosum)
Dieses mittelfeine Mehl ist ein reines Naturprodukt aus frischen Meeresalgen, die an der Küste Norwegens geerntet werden. Hervorzuheben ist die positive Wirkung auf die Pigmentierung und den allgemeinen Zustand des Haarkleids. Der hohe Jodgehalt optimiert die Schilddrüsenfunktion. Darüber hinaus fördert die Alge die Verdauung und die Futterverwertung. Seealgenmehl ist in der Lage, Spurenelemente in ihren Zellen anzureichern und ist deswegen sehr reich an Eisen und Jod und führt dem Körper die für seine Funktionen wichtigen B-Vitamine zu. Neben den Spurenelementen spielt der Jodgehalt von Ascophyllum Nodosum eine wichtige Rolle. Die Zufuhr von Jod über die Nahrung ist unverzichtbar. Bei Gemüse kommt es vor, dass der Jodgehalt sehr stark schwankt. Ascophyllum Nodosum hat einen kontrollierten Jodgehalt. Bei Hunden mit Schilddrüsenproblemen sollte wegen des hohen Jodgehaltes vor dem Verfüttern der Tierarzt oder der Tierheilpraktiker um Rat gefragt werden.
Es gibt auch getrocknete Kräuter im Handel, die zur täglichen Grundversorgung angeboten werden. Meistens handelt es sich um Kräutermischungen, die je nach Hersteller anders benannt werden.

3.13 Nahrungs-ergänzungen bei Krankheitssymptomen

Unsere Hunde leiden leider, ebenso wie wir Menschen, an diversen Krankheiten. Mit Nahrungsergänzungen können wir unseren Hunden bei verschiedensten Krankheitssymptomen hilfreich zur Seite stehen. Allerdings stellen Nahrungsergänzungen **niemals** einen Ersatz für eine tierärztliche Beratung bzw. Behandlung dar.

Der Handel bietet unzählige Nahrungsergänzungen, Heilkräuter oder Heilpflanzen an. Einige davon möchte ich hier nennen.
Nachfolgend genannte, sinnvolle Nahrungsergänzungen sind zur Vorbeugung als ca. 8 Wo-

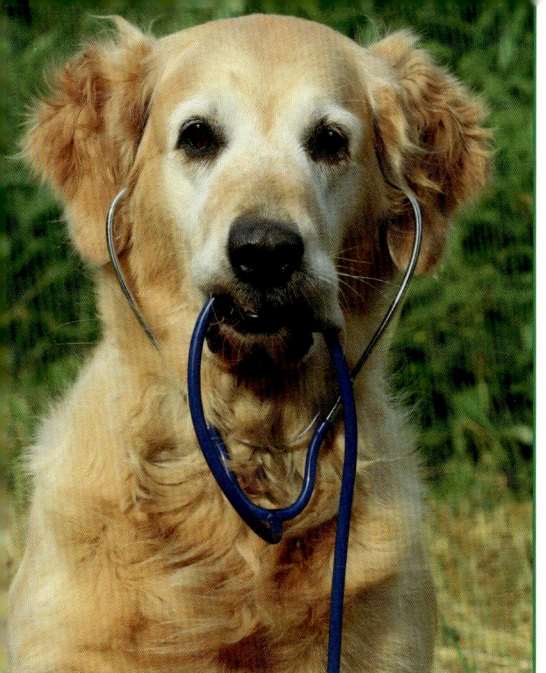

Kranker Hund

chen-Kur geeignet, wobei gesunde Junghunde bis zum ersten Lebensjahr ausgeschlossen werden sollten.
Ebenfalls sind sie zur Dauerfütterung bei bestimmten Erkrankungen geeignet:

MSM (Methylsulfonylmethan)

MSM ist eine biologisch aktive Schwefelverbindung und natürlicher Lieferant dieses für Gesundheit und Vitalität lebenswichtigen Mineralstoffs. MSM sieht aus wie weißer Zucker, wenn es nicht in Kapselform angeboten wird. Es ist geschmacksneutral und geruchlos.
Entzündete Gelenke besitzen eine niedrigere Schwefelkonzentration als gesunde. Deshalb ist MSM vor allem als Gelenknährstoff bekannt geworden. MSM hilft bei rheumatischer Polyarthritis und lindert Gelenkschmerzen, indem es das Gelenk mit biologisch aktivem Schwefel versorgt und dadurch schmerz- und entzündungslindernd wirkt. Gleichzeitig reduziert es den Knorpelabbau, erhöht die Durchblutung und entspannt verhärtete Muskulatur. MSM lindert Ermüdungserscheinungen nach starker, sportlicher Beanspruchung, reduziert Muskelkater und Muskelkrämpfe.
MSM unterstützt auch das Immunsystem, senkt die Autoimmunreaktion, mildert Allergien, beschleunigt die Wundheilung, stärkt das Bindegewebe und beugt Erkältungen vor. Es dient als Sauerstoff-Transporter, indem es die Blutgefäße weitet. Somit wird Sauerstoff in die geschädigten Gebiete gebracht, was die Heilung fördert. Eine Überdosierung wird über Urin und Kot ausgeschieden.

Perna Canaliculus (Neuseeländische Grünlippmuschel)

Die Neuseeländische Grünlippmuschel zeichnet sich durch einen außerordentlich hohen Gehalt an Glykosaminoglykanen (kurz: GAG) aus, die einen positiven Effekt auf die Gelenke haben. Als wichtiger Baustein der Gelenkschmiere begünstigen die GAGs die Gleitfähigkeit der Gelenke. Ihnen werden entzündungshemmende Eigenschaften nachgesagt, da sie die Gelenke ernährungsphysiologisch unterstützen und so eine wesentliche Funktion bei der Erhaltung des Knorpelgewebes haben. Die Neuseeländische Grünlippmuschel gibt es im Handel für den Humanbereich oftmals in Kapselform, da sie »fischig« schmeckt. Für Hunde ist sie in Pulverform allerdings besser geeignet, da man sie in dieser Form gut unter das Futter mischen kann.
Die Gelenke zwischen den Knochen erlauben die körperliche Bewegungsfreiheit. Der Zwischenraum der Gelenke ist mit Gelenkflüssigkeit gefüllt. Es handelt sich um eine farblose Flüssigkeit mit einer ausgesprochen zähen Konsistenz. Sie besteht aus Bestandteilen des Blutes und Aminozuckern (Glykosaminoglykanen = GAG), man bezeichnet sie auch als »Gelenkschmiere«. Die Bildung dieser Gelenkschmiere ist von der Zusammensetzung des Blutes abhängig. Nur wenn genügend Nährstoffe über das Blut angeliefert werden, kann die Gelenkschmiere in ausreichender Menge produziert werden. Die Glykosaminoglykane sind hierbei für die Zähflüssigkeit der Gelenk-

schmiere mit verantwortlich. Mangelt es an diesen Bausteinen, wird der Schleim zu dünnflüssig, so dass die Gelenke direkt aufeinanderreiben und Bewegungen mit Schmerzen verbunden sind. Aber auch seelische Anspannung, Stress und Depressionen können Veränderungen in der Struktur der Gelenkschmiere auslösen.

Eine natürliche Alternative bieten Extrakte aus der Neuseeländischen Grünlippmuschel. Diese liefern Nährstoffe aus dem Meer, die z.B. im Organismus dem Aufbau von Haut, Bindegewebe, Knorpel und Gelenkflüssigkeit zuträglich sind. Darüber hinaus enthält die Neuseeländische Grünlippmuschel noch wertvolle Vitalstoffe wie Vitamine und Spurenelemente zur täglichen Nahrungsergänzung. Der Extrakt der Muschel ist durch seine gute Verträglichkeit auch bestens zur Vorbeugung geeignet und bietet sich für Tiere mit empfindlichem Verdauungstrakt an.

Teufelskralle

Die Teufelskralle benötigt bei täglicher Anwendung zwischen drei und sechs Wochen, um die volle Heilwirkung zu entfalten. Die Heilanzeige von Teufelskralle umfasst hauptsächlich chronisch-entzündliche Prozesse des Bewegungsapparates, z.B. in Studien untersuchte Erkrankungen wie Spondylose (knöcherne Zubildungen an den Wirbeln), chronisch-entzündliche Polyarthritis (PCP) oder der therapeutisch oft nur schwer zugängliche Weichteilrheumatismus (Fibromyalgie).

Teufelskralle wirkt stark entzündungshemmend, abschwellend und leicht schmerzstillend. Sie gibt es im Handel für den Humanbereich oftmals in Kapselform, da sie ziemlich bitter schmeckt. Für Hunde ist Teufelskrallenpulver allerdings besser geeignet, da man es gut unter das Futter mischen kann.

Isländisches Moos

Die niedrig wachsende Pflanze verzweigt sich geweihartig, was ihr auch den Namen Hirschhornflechte eingebracht hat. Die Pflanze wächst nicht nur auf Island, sondern auch in anderen Mittelgebirgen und im Flachland.

Der wichtigste Inhaltsstoff des Isländischen Moos ist der Schleim, der sich als Tee eingenommen schützend um die Schleimhäute legt und dadurch hilfreich bei Husten, Katarrhen der oberen Luftwege, Lungenentzündung und Halsentzündung ist. Auch Reizzustände wie Magenschleimhautentzündung können durch das isländische Moos Linderung erfahren, aber auch Verdauungsschwäche, Darmentzündung, Verstopfung oder Blasenentzündung, Blasensteine und Nierenschwäche.

Artischocken

Viele kennen nur die eingedosten Artischockenböden als Belag für eine Pizza. Artischocken sind aber auch ein wohlschmeckendes Edelgemüse und dienen als Heilpflanze, denn sie fördern die Arbeit von Leber und Galle. Auch bei Diabetes unterstützen Artischocken den Organismus. Weiter können sie bei Blähungen, Übelkeit, Gallenschwäche, Gallensteinen und Leberschwäche eingesetzt werden. Die Artischocke gibt es im Handel als Kraut, so kann man sie gut unter das Futter mischen.

Brennnessel

Die Brennnessel kennt fast jeder Mensch; wer hat noch nicht die Bekanntschaft mit ihren brennenden Eigenschaften gemacht. Sie ist aber auch eine hilfreiche Heilpflanze, die blutreinigende und blutbildende Fähigkeiten besitzt und den Stoffwechsel fördert. Außerdem ist sie hilfreich bei Harnwegserkrankungen und Rheumatismus.

Artischocke

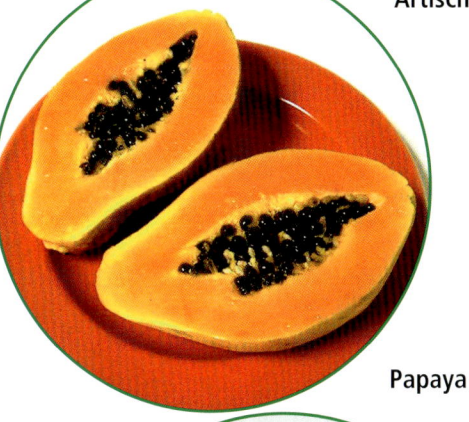

Papaya

Ingwer

Ginkgo

Erdbeere und Erdbeerblätter

Die Erdbeere ist keine Beere, sondern eine Sammelnussfrucht. Erdbeeren und Erdbeerblätter sind im Handel frisch geerntet oder auch getrocknet erhältlich. Man mischt sie unter die Mahlzeit oder gibt die Früchte pur, wenn der Hund sie mag.

Sie sind adstringierend (zusammenziehend), blutreinigend und harntreibend.

Sie werden bei Blasengrieß, Blasensteinen, Nierengrieß, Nierensteinen oder bei Leberproblemen eingesetzt.

Slippery Elm

Die Ulmenrinde wirkt beruhigend, schützend, adstringierend und reizlindernd auf den Verdauungstrakt.

Slippery Elm ist daher besonders hilfreich bei der Behandlung von Durchfall, Darmentzündung und Magenproblemen. Die Bestandteile verdicken die Verdauungssäfte, beruhigen den Verdauungstrakt und helfen bei der Ausscheidung von Abfallprodukten. Auch Entzündungen des Kehlkopfes, Schluckbeschwerden und starker Husten kann mit Slippery Elm gelindert werden.

Slippery Elm gibt es im Handel getrocknet und in pulverisierter Form. Zur innerlichen Anwendung wird 1 TL getrockneter Rinde in 1/4 Liter Wasser aufgelöst und mit einem TL Honig vermischt.

Aufgrund der Gefährdung der Ulme, sollte man nicht die Rinde von wilden Ulmen sammeln und verwenden, sondern Ulmenrinde käuflich erwerben!

Die Ulme wird auch als Bachblüte Elm eingesetzt.

Ingwerwurzel

Die Inhaltsstoffe wirken schmerzlindernd, krampflösend, entzündungshemmend, schleimlösend, verdauungsfördernd und kreislaufanregend. Sie fördern die Darmfunktion, lindern Verdauungsstörungen und helfen bei Übelkeit, Erbrechen und Blähungen. Die Scharfstoffe regen die Wärmerezeptoren in der Magenschleimhaut an und steigern die Darmtätigkeit (Regulierung des Stuhlgangs). Daneben fördern sie die Sekretion des Magen- und Gallensaftes und regen die Leberfunktion an. Würmer können abgestoßen werden. Durch die Anregung des Speichelflusses hilft der Ingwer auch bei Husten und anderen Erkältungskrankheiten sowie Infektionen. Das ätherische Öl wirkt dämpfend auf das zentrale Nervensystem. Sehr nützlich ist er auch bei Reisekrankheiten, z.B. bei Übelkeit während der Autofahrt. Bei Reisekrankheit empfiehlt es sich, einen Teelöffel Honig mit Ingwer zu vermischen und vor der Abfahrt zu verfüttern.

Ingwerwurzel gibt es im Handel frisch oder getrocknet und pulverisiert. Für Hunde ist Ingwerwurzelpulver allerdings besser geeignet, da man es gut unter das Futter mischen kann. Die Inhaltsstoffe des Ingwers wirken blutverdünnend. Er sollte daher nicht vor Geburten oder Operationen verfüttert werden. Auch bei Hautentzündungen, Geschwüren des Verdauungstrakts oder hohem Fieber ist von Ingwer abzusehen.

Bienenblütenpollen

Blütenpollen enthalten mehr als 50 Vitalstoffe. Dabei handelt es sich um Aminosäuren, mehrfach ungesättigte Fettsäuren, sehr hochwertige Kohlenhydrate, Mineralstoffe, Spurenelemente, Vitamine, Enzyme, Hormone, antibakteriell wirkende Stoffe, Lecithin und ätherische Öle. Blütenpollen können positiv auf die inneren, vegetativen Funktionen des Körpers und des Nervensystems wirken, sie erneuern und vitalisieren die körperliche und geistige Leistungsfähigkeit, erhöhen die Widerstandskraft und beugen vorzeitigen Altersbeschwerden und Abnutzungserscheinungen vor.

Blütenpollen können angewendet werden bei Appetitlosigkeit, Verdauungsbeschwerden, Sehschwäche, brüchigen oder spröden Krallen, Leberproblemen, Haut- und Haarproblemen, Nervosität, Prostatabeschwerden, schlechter Durchblutung, Konzentrationsschwäche, schlechter Gedächtnisleistung und in der Rekonvaleszenz.

Propolis

Propolis gehört zu den bewährtesten Mitteln zur Wundbehandlung und Hautpflege. Das Bienenkittharz Propolis braucht die Biene zur Gesundheitsvorsorge. Hiermit wird der Stock vor Luftzug, Kälte und Krankheitserregern geschützt, denn es wirkt wie ein natürliches Desinfektionsmittel oder Antibiotikum gegen Bakterien, Pilze und Viren. Propolis sammeln die Bienen vorwiegend im Spätsommer von den Knospen verschiedener Bäume wie Pappeln, Tannen, Ulmen oder Weiden. Es wird an den Hinterbeinen in den Stock transportiert. Bedenkt man, dass Bienen zu Zehntausenden auf engstem Raum bei einem Klima von 35 bis 40° C zusammenleben, würde der kleinste eindringende Keim sofort eine Epidemie und damit das Sterben des gesamten Volkes hervorrufen. Propolis tötet alle schädlichen Keime ab. Propolis, das schon die alten Griechen wirkungsvoll einsetzten, wird heute wieder verstärkt gewonnen und genutzt. Es ist mit das Beste, was »Doktor Biene« zu bieten hat. Die positive Wirkung auf das Immunsystem hängt mit der Vielzahl der Inhaltsstoffe zusammen. Propolis besteht bis zu 55 % aus Harzen und Balsamen, weitere 40 % sind Wachse und 10 % des Kittharzes sind ätherische Öle. Neben den wichtigen Aminosäuren enthält diese Substanz Mineralstoffe und Spurenelemente (Eisen, Kupfer, Magnesium, Mangan, Selen und Zink) und wichtige Vitamine (A, B-Gruppe, C, E und H). Darüber hinaus beinhaltet Propolis etwa 5 % Blütenpollen und antibiotisch wirksame Stoffe, darunter Flavonoide. Im Handel wird es oftmals als Tinktur zur innerlichen Anwendung oder in Cremeform zur äußerlichen Anwendung angeboten.

Grüne Tonerde

Grüne Tonerde wird in der Sonne getrocknet, dann zerkleinert und zu allerfeinstem Pulver vermahlen. Die Abbauflächen werden aufwändig renaturiert. Durch ihre mikroskopisch kleinen Staubteilchen bildet sie eine große Oberfläche mit der Fähigkeit, im Darm Gifte und pathogene Keime zu absorbieren und Gär- und Fäulnisstoffe zu binden. Aus diesem Grunde wird sie gern begleitend bei der Sanierung des Darmes nach Antibiotikabehandlungen gegeben. Grüne Tonerde entfaltet ihre größte Wirkung, wenn sie mindestens 10 Minuten in ausreichend Flüssigkeit quellen kann. Bei Bedarf wird die feine Tonerde 1 x täglich unter das Futter gemischt.

Käsepappel (Malve)

Hauptwirkstoff in allen Malven ist der reichlich vorhandene Pflanzenschleim. Die Malve hat sich besonders bewährt bei Bronchitis, Fieber, Ekzemen, Hautentzündungen, Kehlkopf- und Stimmbandentzündung, Magen- und Darmschleimhaut- sowie Mund- und Rachenentzündung. Malve gibt es im Handel meistens in getrockneter Form als »Käsepappelblatt«. Sie kann als Tee zur innerlichen Anwendung zubereitet oder unter die Mahlzeit gemischt werden. Äußerlich haben sich Malven-Umschläge bewährt.

Mariendistel

Die Mariendistel enthält u.a. ätherische Öle, Schleimstoffe, Bitterstoffe. Die Mariendistel hilft vor allem bei Lebererkrankungen. Die samenartigen, für eine Teezubereitung etwas zu harten Früchte werden hauptsächlich als Tinktur eingesetzt. Ihr Haupteinsatzgebiet sind Leber- und Gallenprobleme. Mariendistel hat aber auch eine ausgeprägt entkrampfende Wirkung auf das vegetative Nervensystem. Die bemerkenswerten Fähigkeiten der Pflanze, die vor Leberverfettung oder Vergiftungen zu schützen vermag, oder eine geschädigte Leber regenerieren kann, konnten inzwischen wissenschaftlich nachgewiesen werden. Hauptverantwortlich für diese Leberschutzwirkung ist das Flavonol Silymarin. Aber auch bei Depressionen, Gallenblasenentzündung, Rheuma und Verstopfung kann auf die Mariendistel zurückgegriffen werden.

Papaya

Papaya erinnert an ferne Länder, wenn man sie im Angebot europäischer Supermärkte entdeckt. Hierzulande erhält man meistens nur die kleinen Papayaarten, die bis zu einem Pfund schwer werden und nicht an das Aroma frisch geernteter Früchte heranreichen können.

Aber sie enthalten fast ebenso reichlich Samen, wie ihre größeren Geschwister. Und obwohl die meisten Genießer die Samen wegwerfen, sind diese in gesundheitlicher Hinsicht fast noch wertvoller als die Früchte. Die Samen fördern nicht nur wie die Früchte die Verdauung, sondern stärken auch das Immunsystem.

Die Wurzel ist hilfreich bei Hauterkrankungen, Blasen- und Nierenschwäche.

Die Blätter unterstützen bei Entgiftungen oder Pilzinfektionen.

Die Frucht zeigt bei Fettsucht oder Verdauungsschwäche eine positive Wirkung.

Die Samen sind hilfreich bei Verdauungsschwäche, Durchfall, Darmparasiten, Pilzinfektionen. Sie stärken das Immunsystem und gelten als krebsvorbeugend.

Himbeerblätter

Die Himbeere ist ein blutreinigendes Kraut. Die wichtigste Funktion der Himbeerblätter ist die entspannende Wirkung auf die Gebärmuttermuskulatur während der Trächtigkeit und das Erleichtern der Geburt. Die Eröffnungswehen sind weniger schmerzhaft und die Presswehen stärker und effizienter.

Fenchel

Fenchel gibt es im Handel als frische, fleischige Knolle, als Fenchelsamen oder als Tee. Fenchelknolle oder Fenchelsamen können gut unter das Futter gemischt werden. Allerdings besitzt Fenchel den typischen »Fenchelgeruch« bzw. Geschmack, durch den er bei einigen Hunden beliebt und bei anderen Hunden sehr unbeliebt ist.

Fenchel wird traditionell bei Erkältungskrankheiten verwendet, insbesondere bei Bronchitis. Auch bei Verdauungsstörungen und Blähungen kann Fenchel als Tee im Trinknapf angeboten werden, eventuell leicht gesüßt mit Honig.

Seine Heilwirkung umfasst antibakterielle, harntreibende, krampf- und schleimlösende Wirkungen. Er ist hilfreich bei Bindehaut-, Lidrandentzündungen, Blähungen, Verdauungsschwäche, Bronchitis, trockenem Husten, Halsinfektionen, Erkältung, Magenschmerzen, Epilepsie (unterstützend) oder Herzschwäche.

Ginkgoblatt

Der Ginkgo-Baum entstammt der Urzeit und hat sich bis heute in seiner ursprünglichen Form erhalten. Seine Blätter wirken kreislaufanregend, entzündungshemmend und krampflösend. Beim Menschen wird die Pflanze vor allem zur besseren Durchblutung des Gehirns, zur Verbesserung des Kreislaufes, bei Depressionen, Grünem Star und allgemeinem Durchblutungsmangel eingesetzt. Aufgrund der stark antiallergenen und entzündungshemmenden Wirkung wird das Ginkgoblatt häufig gegen Asthma eingesetzt.

Himbeerblätter

Mariendiestel

Fenchelsamen

Käsepappel

Nachfolgend werden einige der häufigsten Krankheitsbilder und dazu passende Nahrungsergänzungen, Heilkräuter oder Heilpflanzen genannt.

Bei allen Krankheitsbildern gilt aber, dass der Einsatz der Nahrungsergänzungen, Heilkräuter oder Heilpflanzen den Gang zum Tierarzt **nicht (!)** ersetzen kann oder darf!

Erkrankungen des Bewegungsapparates:	Hilfreiche Heilkräuter oder -pflanzen, Supplemente
Hüftgelenksdysplasie (HD), Ellenbogendysplasie (ED), Bandscheibenvorfall (Diskusprolaps), chronisch-entzündliche Polyarthritis (PCP), chronische bzw. degenerative Gelenkserkrankung/Arthrosen, Spondylosen (knöcherne Zubildungen an den Wirbeln), Weichteilrheumatismus (Fibromyalgie), Muskelzerrungen, Muskelkater, Sehnen- und Sehnenscheidenentzündung, Osteochondrosis dissecans (OCD)	MSM Perna Canaliculus (Neuseeländische Grünlippmuschel) Teufelskralle Brennnessel

Hormonelle Erkrankungen	Heilkräuter oder -pflanzen, Supplemente
Zuckerkrankheit (Diabetes mellitus)	Artischocke Ginkgoblatt Slippery Elm Brennnessel

Erkrankungen des Darm-Traktes	Heilkräuter oder -pflanzen, Supplemente
Durchfall, Blähungen	Slippery Elm Ingwerwurzel Propolis-Tinktur Grüne Tonerde Papaya-Samen Fenchel

Erkrankungen des Magen-/ Darm-Traktes	Heilkräuter oder -pflanzen, Supplemente
Magenschleimhautentzündung (Gastritis), Darmschleimhautentzündung	Isländisches Moos Slippery Elm Propolis-Tinktur Grüne Tonerde Käsepappel (Malve) Fenchel

Erkrankungen des Magens	Heilkräuter oder -pflanzen, Supplemente
Übelkeit, Erbrechen	Artischocke
	Slippery Elm
	Ingwerwurzel

Erkrankungen der Leber und Galle	Heilkräuter oder -pflanzen, Supplemente
Vergiftungen, Leberverfettung, Leberschwäche, Gallenschwäche, Gallensteine, Gallenblasenentzündung	Artischocke
	Erdbeere und Erdbeerblätter
	Ingwerwurzel
	Bienenblütenpollen
	Mariendistelsamen
	Papaya-Frucht

Erkrankungen der Harnwege	Heilkräuter oder -pflanzen, Supplemente
Blasenentzündung, Blasengrieß, Blasensteine, Nierenschwäche, Nierengrieß, Nierensteine	Isländisches Moos
	Erdbeere und Erdbeerblätter
	Papaya-Wurzel

Erkrankungen durch Würmer	Heilkräuter oder -pflanzen, Supplemente
Wurmbefall im gesamten Darmbereich	Ingwerwurzel

Erkrankungen der Haut	Heilkräuter oder -pflanzen, Supplemente
Hauterkrankungen generell, Allergien, Parasiten (Flöhe, Milben), Ekzeme	Perna Canaliculus
	MSM
	Bienenblütenpollen
	Propolis-Creme, äußerlich
	Käsepappel
	Papaya-Wurzel

Erkrankungen des Herzens	Heilkräuter oder -pflanzen, Supplemente
Erkrankungen des Herz-/Kreislaufsystems	Fenchel

Erkrankungen des Auges	Heilkräuter oder -pflanzen, Supplemente
Bindehaut-, Lidrandentzündung	Fenchelsamen

Erkrankungen der Atemwege	Heilkräuter oder -pflanzen, Supplemente
Erkältung, Fenchel, Husten, Bronchitis, Kehlkopf-/Stimmbänderentzündung, Fieber	Isländisches Moos
	Slippery Elm
	Ingwerwurzel
	Käsepappel (Malve)
	Fenchel
	MSM

3.14 Ungeeignete Nahrungsmittel

Es gibt einige Nahrungsmittel, die ein Hund nicht bekommen sollte!
Zu diesen zählen:

Stichfleisch
Als Stichfleisch wird die Fleischpartie bezeichnet, die rund um die Einstichstelle beim Entbluten von Schweinen oder Rindern entsteht. In das Stichfleisch sickern durch das aus der Stichwunde fließende Blut beim Schlachten erhebliche Blutmengen ein. Insbesondere das so genannte Tropfblut am Ende der Ausblutung kann in Folge des Zusammenbrechens der Blut-Darm-Schranke stärker mit Keimen belastet sein.
Stichfleisch darf nur in dafür zugelassenen Betrieben zum Beispiel zu Tierfutter oder technischen Fetten verarbeitet werden. Für den menschlichen Verzehr ist es nicht geeignet.

Rohe Kartoffeln
Kartoffeln sind im rohen Zustand unverträglich und unverdaulich!

Grüne Paprika
Grüne Paprika sind unreife Früchte, die für den Hund giftig sind.

Auberginen
Auberginen sind roh wie gekocht unverträglich. Sie verursachen Darmbeschwerden und Schleimhautreizungen.

Kohlsorten (Wirsing, Weiß- und Rotkohl)
Kohl enthält unverdauliche Oligosaccharide, welche Blähungen verursachen können. Roh sind die genannten Kohlsorten gänzlich unver-

daulich, im gekochten Zustand nur sehr schlecht. Besser geeignet sind Blumenkohl, Romanesco, Broccoli oder Chinakohl.

Avocados

In der gesamten Pflanze (Grünpflanze, Fruchtfleisch, Kern) kommt das Toxin Persin vor. Bei Aufnahme größerer Pflanzenmengen gilt es für Tiere als giftig. Es kann zu Herz-/Muskelschädigungen bis hin zum Tod führen.

Holunderbeeren, roh

Holunderbeeren dürfen nicht roh verzehrt werden. Unreife Früchte, Samen in reifen Früchten und grüne Pflanzenteile enthalten Sambunigrin, ein Blausäure abspaltendes Glycosid, das Brechreiz und schwere Durchfälle verursacht. Beim Erhitzen wird dieser Giftstoff zerstört.

Weintrauben

Vorsicht auch bei Weintrauben: Unabhängig voneinander warnen das britische Institut »Veterinary Poisons Information« und das amerikanische »Animal Poisons Control Center« (ASPCA) davor, Hunde mit Weintrauben zu füttern. Auffällig oft haben Hunde nach dem Verzehr schwere Symptome von Vergiftung gezeigt: Magenkrämpfe, Erbrechen und Durchfall. In einigen Fällen trat sogar Nierenversagen auf.
Die Dosis, die den Weintraubengenuss zum Gift für den Hund macht, ist noch nicht bekannt. Die amerikanischen Forscher schätzen, dass umgerechnet 11,6 Gramm Trauben pro Kilogramm Körpergewicht des Hundes zu Vergiftungserscheinungen führen können (also bei einem 20 kg schweren Hund rund 232 g Trauben). In Großbritannien ermittelten die Wissenschaftler, dass etwa 14 g Rosinen/kg Hund zu einem Todesfall bei einem Labrador geführt haben.

Quitten

Quitten sind für den Hund unverdaulich, enthalten reichlich Tannin (Gerbsäure) und sind bitter.

Kapstachelbeeren

Sie zählen zur Familie der Nachtschattengewächse und sind für den Hund unverdaulich.

Karambole (Sternfrucht)

Bei Hunden wurde nach dem Verzehr der Karambole eine Beeinträchtigung der Herzfunktion bemerkt. Außerdem wurde beobachtet, dass es bei Hunden mit Niereninsuffizienz nach dem Genuss von Karambole zu Vergiftungserscheinungen mit Schluckauf, Erbrechen, Bewusstseinsstörungen, Muskelschwäche und Krampfanfällen kam.

Schokolade (Kakao)

Theobromin ist Bestandteil von Kakao und giftig für den Hund. Die tödliche Dosis liegt bei 100 mg Theobromin pro Körpergewicht Hund. 60 g Milchschokolade bzw. 8 g Blockschokolade (je nach Kakaogehalt) pro kg Körpergewicht können den Hund vergiften. Zwei Stückchen Zartbitterschokolade können für einen Chihuahua bereits tödlich sein. Die Symptome sind Durchfall, Erbrechen, Zittern, Krämpfe, Lähmungen, Bewusstseinsstörung bis hin zum Tod.

Nüsse

Nüsse sind für Hunde nachteilig, da sie einen hohen Phosphorgehalt haben. Deswegen können sie verfüttert leicht zu Blasensteinen oder Störungen des Knochenstoffwechsels führen. Walnüsse sind sogar giftig! Diese können mit der Schimmelpilzart Penicillium crustosum befallen sein, welche toxisch wirkt.

Zwiebeln

Zwiebeln führen bei Hunden zur Blutarmut, da

ihre Inhaltsstoffe die roten Blutkörperchen zerstören. Zwiebeln enthalten das für Hunde giftige N-Propyldisulfid und Allylpropylsufid. Eine mittelgroße Zwiebel kann einen kleinen Hund ernsthaft schädigen. Die Symptome sind Durchfall, Erbrechen, später folgen Anämie (Blutarmut, blasse Schleimhäute), Anorexie (Verweigerung von Wasser und Futter) und Beschleunigung von Herzschlag und Atemfrequenz. Zu schweren Vergiftungserscheinungen eines erwachsenen Hundes kann es kommen, wenn er 5 bis 10 g Zwiebeln (roh oder gekocht) pro kg Körpergewicht frisst.

Knoblauch
Manche Hundehalter schwören auf Knoblauch, da es gegen Zecken wirken soll. Wissenschaftlich ist das allerdings nicht bewiesen. Wenn Sie selber testen wollen, ob Knoblauch bei Ihrem Hund gegen Zecken wirkt, sollte es maximal eine Menge von 2 g (ca. eine halbe Knoblauchzehe) sein. Knoblauch enthält – wie die Zwiebel – ebenfalls N-Propyldisulfid. Bei einer Aufnahme größerer Mengen von Knoblauch führt dieser Inhaltsstoff zu lebensbedrohlicher Anämie. Hier macht also die Dosis das Gift.

Hülsenfrüchte (Bohnen, Erbsen, Linsen, Soja)
Hülsenfrüchte führen durch ihren sehr hohen Faser- und Eiweißgehalt zu Überaktivität der Darmbakterien. Dies kann Bauchkrämpfe und starke Blähungen bewirken. Zudem enthalten manche Hülsenfrüchte Fermenthemmstoffe, die die Eiweißverdauung behindern (z.B. Sojabohnen).

Menschliche Speisereste
Reste menschlicher Mahlzeiten sollten nicht als Dauerfütterung dem Hund angeboten werden, da ihre Zusammensetzung nicht seinen Nährstoffbedürfnissen entspricht. Stark gesal-

zene Nahrung, Seewasser oder Pökellake können zu Bluthochdruck, Blasensteinen und Nierenschäden führen. Schließlich ist noch vor der Verfütterung gebratener oder gegrillter Speisen (vor allem Fleisch!) zu warnen: Der hohe Salzgehalt, Gewürze sowie Röststoffe sind für die Ernährung des Hundes ungeeignet!

3.15 Welche Nahrungsmittel sollten gekocht werden?

Schweinefleisch
Die Aujeszkysche Krankheit (auch Morbus Aujeszky, Pseudowut) ist eine durch das Aujeszky-Virus hervorgerufene, anzeigepflichtige Tierseuche. Der Erreger gehört zur Familie der Herpesviren. Sein eigentlicher Wirt sind Schweine. Die Krankheit ist nach dem ungarischen Tierarzt Aladár Aujeszky benannt.
Der Aujeszky-Virus ist ein für Hunde tödliches Virus, das im Schweinefleisch enthalten sein kann. Deutschland gilt als Aujeszky frei, dennoch sollte man Schweinefleisch nicht roh füttern. Gründliches Garen tötet das Virus ab.
Jeder Hundehalter sollte für sich entscheiden, ob er das Risiko der Schweinefleischverfütterung eingehen will. Aufgrund der Aujeszky-Gefahr sollte aber grundsätzlich Wildschweinfleisch gemieden werden!

Fisch
Thiaminase sind Enzyme, die u.a. in Fischen und in Pflanzen vorkommen. Die Enzyme können das Vitamin B1 (Thiamin) in der Nahrung zerstören und zu Vitaminmangel und somit zu Krankheiten wie Beriberi führen. Beriberisymptome beinhalten Müdigkeit und Lethargie zusammen mit Störungen von Herz, Kreislauf, Nerven und Muskulatur. Garen zerstört Thiaminase.

Geflügel
H5N1-Virus (Vogelgrippe)
Das Vogelgrippevirus H5N1 ist winzig klein und hat nur acht Gene. Der Durchmesser des Virus liegt bei etwa 100 Nanometer. Insgesamt besitzt es 14.000 Nukleotide.
Infektiös bleiben die Viren bei 4° C ca. 30 bis 35 Tage im Kot, im Geflügelfleisch oder in gelagerten Eiern, bei 37° C hingegen nur sechs Tage. Nach bisherigen Erkenntnissen sind die Viren nicht mehr infektiös, wenn sie Temperaturen über 70° C ausgesetzt wurden, so dass eine Übertragung durch gegarte Eier, Geflügel- und andere Fleischprodukte als ausgeschlossen gilt.

Campylobacter-Bakterien
Eine Campylobacter-Infektion ist eine Darmentzündung, die durch Bakterien der Gattung Campylobacter ausgelöst wird. Diese Erreger werden vor allem über Haus- und Nutztiere, hauptsächlich Geflügel, übertragen. Bisher sind mehr als 20 Arten bekannt. Neben den Salmonellen ist die Art Campylobacter jejuni in Industrieländern der zweithäufigste Auslöser bakterieller Darminfektionen mit Durchfall. Eine Infektion mit Campylobacter-Bakterien aus Geflügelfleisch kann man durch herkömmliches Garen vermeiden.

Salmonellen
In jedem gesunden Hunde-Verdauungstrakt befinden sich im Normalfall Salmonellen. Da der Hund über einen kürzeren Verdauungsweg verfügt als der Mensch und zudem aggressive Verdauungsenzyme besitzt, schaden sie in geringer Zahl nicht. Bedenklich wird es erst, wenn Salmonellen in großer Zahl auftreten oder der Hund ein geschwächtes Immunsystem hat, alt oder krank ist. Um die Gefahr einer Salmonelleninfektion gering zu halten, sollte Geflügelfleisch zehn Minuten lang bei über 70° Celsius erhitzt und durchgegart wer-

den. Salmonellen mögen nämlich keine Hitze. Niedrige Temperaturen bis -20° C im Gefrierschrank überleben sie allerdings und beginnen ab 7° C sich charmant zu vermehren. Deshalb sollte das Auftauwasser von Geflügel oder auch Meeresfrüchten unbedingt weggeschüttet werden!

Komplettes Ei
Im Ei sind zwei Stoffe vorhanden, die sich im rohen Zustand ungünstig auf den Hundeorganismus auswirken: Avidin und Trypsin-Hemmstoffe:
Avidin
Dies ist ein Protein aus dem Eiklar, welches im rohen Zustand Biotin (Vitamin H) bindet. Erst wenn das Ei gekocht wird, ist Avidin zerstört und die Biotin-Aufnahme aus dem Eigelb (Dotter) ist gewährleistet. Es kann auch »nur« das rohe Eigelb verfüttert und das Eiklar anderweitig verwendet werden.
Trypsin-Hemmstoffe
Das Eigelb im rohen Eidotter wird gut verdaut. Das rohe Eiklar durch die enthaltenen Trypsin-Hemmstoffe jedoch wesentlich schlechter. Erst nach dem Garen steigt die biologische Verdaulichkeit des Eiklars auf 90 %.
Fazit: Entweder ein komplettes Ei im gekochten Zustand geben oder, wenn Sie ein Ei roh füttern möchten, dann nur das Eigelb roh, das Eiweiß gekocht!

Gemüse allgemein
Gemüsezellen z.B. werden durch eine faserige, harte Wand geschützt. Diese besteht aus unlöslicher Zellulose, Hemizellulose (dient meist zusammen mit Zellulose als Stütz- und Gerüstsubstanz), Pektin und anderen Bestandteilen. Die Wärmebehandlung führt zu einer Zellwand-Schwächung im Gemüse, die von der Zunahme ihrer Durchlässigkeit bis hin zum Platzen der Zellen führt. Dies macht sich, je weiter sich die Wärme in die Tiefe des Gemü-

ses ausbreitet, auch als Weichwerden vieler Gemüsearten beim Garen bemerkbar. Die Auflockerung und Zerstörung pflanzlichen Zellwände beim Garen erlaubt den Verdauungsenzymen des Hundes, nach dem Verzehr des gekochten Gemüses den Zugang zum Inneren der Gemüsezellen zu finden. So können dort alle verwertbaren Nährstoffe herausgelöst und für die Aufnahme in den Körper chemisch weiter zerlegt werden. Gekochtes Gemüse ist also nichts anderes wie vorverdaute pflanzliche Bestandteile aus einem Beutetier.

Das Gleiche gilt für eine Vielzahl anderer Bestandteile von pflanzlichen Zellen (Pektin, Mineralstoffe, Vitamine, Fette, Eiweiße): Der Anteil über den Darm aufgenommener Inhaltsstoffe (»Bio-Verfügbarkeit«) steigt durch Garen oder Dämpfen teilweise sogar an. Der Nährwert von Gemüse hängt also entscheidend von der Wärme-Vorbehandlung ab. Nährstoffverluste treten vorwiegend durch das Abwandern der Nährstoffe in die Kochflüssigkeit auf, nicht durch Zerstörung der Nährstoffe selber. Deshalb kann man die Kochflüssigkeit gut zum anschließenden Pürieren verwenden.

3.16 Zubereitung in der Küche

Was das Kochen alles umfasst

Eine häufig in meiner Ernährungsberatung gestellte Frage ist, worin der Unterschied zwischen Kochen, Dünsten und Garen überhaupt besteht.

Umgangssprachlich reden wir oft vom Kochen, dabei meinen wir eigentlich das Garen. Kochen ist nämlich ein komplexer Vorgang und umfasst die gesamte Speisenzubereitung, angefangen beim Putzen, Schälen, Waschen und Garen bis hin zum Garnieren. Auch in der »Kalten Küche« wird gekocht, wenn man Salate, Vorspeisen, Desserts oder Rohkost zubereitet.

Folgende Methoden sind für die Zubereitung einer Hunde-Mahlzeit geeignet:

Garen

Garen bedeutet: Garen in Wasser beim Siedepunkt von etwa 100° C. Man kann die Rohstoffe entweder bereits in kaltes oder erst in das kochende Wasser geben.

Dämpfen

Lebensmittel werden beim Dämpfen auf einem Sieb über dem Wasser nur im Wasserdampf gehalten, wobei der Dampf ebenfalls eine Temperatur von 100° C erreicht. Dadurch werden Auslaugverluste minimiert.

Dünsten

Als Dünsten bezeichnet man das Garen mit sehr wenig Flüssigkeit. Oft wird etwas Fett zugesetzt. Die Flüssigkeit stammt dabei häufig aus dem Gargut selbst.

Druckgaren

Druckgaren ist das Kochen oder Dämpfen in einem fest verschlossenen Topf (Schnellkochtopf). Beim Druckkochtopf wird der Wasserdampf zurückgehalten und baut einen Überdruck auf. Dadurch kann Wasser bis auf etwa 120° C erhitzt werden.

Nicht erhitzt (!) werden sollten kalt gepresste Öle!
Mehrfach ungesättigte Fettsäuren werden zwischen 90 bis 130° C in normale Fettsäuren umgewandelt, sie sind dann zwar nicht schädlich, haben aber auch keine gesundheitliche Wirkung mehr.
Außerdem gibt es bei Fetten den sogenannten »Rauchpunkt«, ab welchem Öle und Fette gesundheitsschädlich werden!

3.17 Gewichts-bestimmung vor der Umstellung

Bei einer selbst zubereiteten Mahlzeit gilt es, die optimale Menge an Nährstoffkomponenten zu bestimmen. Da jeder Hund seinen individuellen Bedarf beansprucht, gibt es lediglich Richtwerte. Diese Werte bilden das »Grundgerüst«.

Während der Umstellung sollte das Gewicht stets im Auge behalten werden, deshalb wird es vor der Umstellung bestimmt. Kommt es zu unerwünschten Ab- oder Zunahmen, so muss die Futtermenge nach oben bzw. unten korrigiert werden. Die Energiedichte des Futters spielt ebenfalls eine große Rolle. Sie spiegelt das Verhältnis von Nahrungsmenge und Energiegehalt wieder, was im Folgenden näher erklärt wird.

Die Gewichtskontrolle sollte nicht nur mittels Waage erfolgen. Frisch gefütterte Hunde bauen mehr Muskelmasse auf als trocken gefütterte Hunde. Das bedeutet, sie sind meistens etwas schwerer als die gleichen typischen Rassevertreter. Das Gewicht darf dementsprechend nicht nur mit den spezifischen Gewichtsangaben des Rassestandards verglichen und per Waage kontrolliert werden, auch der »Rippentest« sollte mit einfließen.

Der Rippentest: Mit sanftem Druck der Fingerkuppen wird entlang der Rippen gestrichen.

Der Hund ist zu dünn, wenn
- die Rippen und Hüftknochen **sofort und deutlich** zu spüren sind.
- kein Fett zu ertasten ist.
- die Rippen und die Wirbelsäule **bereits eindeutig** erkennbar sind.
- die **Hüftknochen erkennbar hervorstehen.**
- **Taille und Bauchbereich** deutlich eingefallen sind.

Untergewichtiger Hund

Der Hund ist zu dick, wenn
- die Rippen nur unter einer deutlichen Fettschicht zu ertasten sind.
- keine Taille erkennbar ist.
- die Bauchfalte nicht mehr erkennbar und ein deutlicher Hängebauch sichtbar ist.

Übergewichtiger Hund

Der Hund hat sein optimales Gewicht, wenn
- die Rippen **kaum, aber merklich** spürbar und zu **ertasten** sind.
- die Rippen und die Wirbelsäule **nicht optisch erkennbar** sind.
- die Taille von oben betrachtet sichtbar ist.
- ein **leicht angehobener Bauchbereich** erkennbar ist.

Normalgewichtiger Hund

Drei bis vier Wochen nach der Umstellung sollte das Gewicht kontrolliert (Waage und Rippentest) und, wenn nötig, angepasst werden.

3.18 Energiebedarf und Berechnung

Wenn wir vom Energiebedarf sprechen, so sollte dieser grundsätzlich in zwei Kategorien eingeteilt werden: den **Erhaltungsbedarf** und den **Leistungsbedarf**.

Bei der Energieaufnahme unterscheidet man zwischen der Brutto- und Nettoenergie, wobei die Bruttoenergie die in der Nahrung enthaltene Gesamtenergie bezeichnet. Die verbleibende Energie nach Verlusten durch Kot, Urin und Wärmeabgabe ist die sogenannte Nettoenergie (umsetzbare Energie), welche dem Hund tatsächlich zur Verfügung steht.

Bei einer selbst zubereiteten Mahlzeit gilt es, die optimale Menge an Nährstoffkomponenten zu bestimmen und damit die umsetzbare Energie zu kennen. Da aber jeder Hund seinen individuellen Bedarf besitzt, gibt es lediglich Richtwerte für den Hundehalter.

Der Energiebedarf des Hundes ist abhängig vom Alter (Welpe, Junghund, adulter Hund, Senior), von der Rasse, vom Geschlecht (z.B. trächtige/säugende Hündinnen), vom Gewicht, von der Umgebung (z.B. Temperatur), vom Gesundheitszustand und der Aktivität.

Die Aktivität wird von vielen Hundehaltern allerdings oftmals nicht richtig eingeschätzt. Eine »normale Aktivität« z.B. beinhaltet einen Spaziergang ohne Leine – je nach Rasse oder Größe – von ca. 1 bis 3 Stunden, oder auch ein »normales Training« wie z.B. Unterordnung oder Dummytraining. Es gilt hierbei kein besonderer Leistungsanspruch. Anders ausgedrückt: Der Hund hat keinen Leistungsbedarf! Bei unseren Haus-/Familienhunden sprechen wir meistens vom Erhaltungsbedarf (= normale Aktivität, normales Training). Der Erhaltungsbedarf ist ein Maß für die Energiemenge, die täglich für die Erhaltung, d.h. Wärmeproduktion und Verdauungsvorgänge, benötigt wird. Mit anderen Worten: Körpergewebe, insbesondere Fettdepots, werden weder in größerem Umfang auf- noch abgebaut. Die Energiezufuhr sollte aber für die im Erhaltungsstoffwechsel üblichen spontanen Bewegungen ausreichen.

Der Energiebedarf über den Erhaltungsbedarf hinaus ist der Leistungsbedarf. Er wird z.B benötigt, wenn eine Hündin trächtig/säugend ist, wenn sich Welpen im Wachstum befinden, bei Heilungsprozessen, wenn extrem niedrige Temperaturen vorherrschen, der Hund als Arbeitshund eingesetzt wird (z.B. Rettungshunde, Lawinen-, Drogenspürhunde, beim Hunderennen, Leistungs-Agility).

Der Energiebedarf im Erhaltungsstoffwechsel nimmt allerdings nicht parallel mit der Körpermasse zu. Größere Hunde benötigen pro Kilogramm Körpermasse weniger Energie als kleinere Rassen. Der Erhaltungsbedarf wird aufgrund der nach außen abgegebenen Wärme (Energie) stärker von der Körperoberfläche als von der Körpermasse bestimmt. Man nennt es auch »metabolische Körpermasse«. Diese be-

Metabolische Körpermasse

rücksichtigt die unterschiedlichen Energieverluste durch Wärmeabstrahlung bei verschieden großen Hunden.

Kleine Hunde können bei niedrigen Temperaturen infolgedessen schneller frieren und brauchen oftmals ein »wärmendes Mäntelchen«. Wenn wir also einmal einen kleineren Hund mit Mäntelchen sehen, so handelt es sich nicht unbedingt immer um eine Modeerscheinung.

Um zu einem einheitlichen Maßstab für Bedarfsangaben/Berechnungen zu kommen, wird der Bedarf im Erhaltungsstoffwechsel daher auf die metabolische Körpermasse (KM) bezogen:

Körpermasse in $kg^{0,75}$

Berechnet wird folgendermaßen:

0,5 MJ (Megajoule) pro Kilogramm Körpermasse^{0,75}

Ein 20 kg schwerer Hund benötigt demnach 4,73 MJ an Energie.

Umsetzbar ist diese Formel allerdings für den Laien nur schwer. Denn was nützt es, wenn man zwar die benötigte Energie mit dieser Formel errechnen kann, aber nicht weiß, wie viel Kalorien in den einzelnen Lebensmitteln stecken? Da ist einiges an Rechenarbeit und Zeit nötig.

Deshalb gibt es für den Anfänger die verallgemeinernde Angabe, die Futtermenge mit 2 bis

3 % des Hunde-Körpergewichts zu berechnen. *Beispiel:*

Wir haben einen Hund mit 20 kg Körpergewicht. Bei 2 % vom Körpergewicht braucht er insgesamt ca. 400 g Futtermenge pro Tag.

Allerdings sind diese pauschalen Angaben in der Praxis meistens nicht umsetzbar. Ich höre in meiner Ernährungsberatung sehr häufig, dass diejenigen Hunde, die selbsterstellte Futterrationen über ihre Besitzer zugeteilt bekommen, entweder an Körpermasse zulegen oder abnehmen. Das hat mehrere Gründe:

1. Jeder Hund verwertet individuell. Das bedeutet, dass der Energiebedarf des Hundes abhängig ist von Rasse, Geschlecht, Haltung, Alter und Leistungsintensität.

2. Die metabolische Körpermasse (KM) wird nicht berücksichtigt. Zur Erinnerung: Kleine Hunde haben im Verhältnis zu großen Hunden eine größere Körperoberfläche und strahlen deshalb mehr Wärme ab. Sie frieren deutlich schneller als größere Hunde und benötigen mehr Energie.

3. Die Energiedichte des Futters wird nicht berücksichtigt. Die Energiedichte berechnet sich aus den Kalorien dividiert durch 1000 Gramm und spiegelt das Verhältnis von Nahrungsmenge und Energiegehalt wieder.

1000 g fettfreies Rindermuskelfleisch hat ca. 1250 kcal. Rechenweg: 1250 kcal dividiert durch 1000 g. Die Energiedichte beträgt: = **1,25 kcal/g.** Zum Vergleich: 1000 g Kopffleisch hat ca. 2900 kcal. Die Energiedichte beträgt hier **2,90 kcal/g.** Anders ausgedrückt: Ihr Hund könnte statt 1000 g Kopffleisch auch ca. 2320 g fettfreies Muskelfleisch fressen. Der Kaloriengehalt bleibt dabei gleich.

Erwachsene Hunde

Um nun die einfachste und auch umsetzbare Möglichkeit aufzuzeigen, den Bedarf selber zu bestimmen, habe ich folgende Tabelle erstellt, die ein wenig von der »2 bis 3% vom Körpergewicht-Regelung« abweicht. Die metabolische Körpermasse ist in dieser Tabelle nämlich bereits berücksichtigt und **fett** gedruckt. Als Richtwert zur Energiedichte ist mageres Muskelfleisch der Ausgangspunkt. Allerdings ist die Tabelle nur als Anhaltspunkt zu bewerten. Wenn mit nachfolgender Tabelle gefüttert wird und das gewünschte Gewicht nach vier bis sechs Wochen nicht erreicht bzw. gehalten wurde, müssen die Fütterungsmengen und gegebenenfalls die Nahrungsmittelkomponenten aufgrund der Energiedichte individuell auf Ihren Hund angepasst werden.

Aus der linken Spalte entnehmen Sie das Gewicht Ihres Hundes. Wenn er z.B. ca. 2,5 kg wiegt, sollte er täglich 125 g Gesamtfuttermenge erhalten. Das entspricht einer Futtermenge von 5 % des Körpergewichtes. Sollte Ihr Hund 80 kg wiegen, erhält er 1600 g Gesamtfuttermenge pro Tag. Das entspricht 2% vom Körpergewicht.

Die metabolische Körpermasse wird bei den beiden genannten Gewichten von 2,5 kg zu 80 kg besonders deutlich!

kg	2,0%	2,2%	2,4%	2,5%	2,7%	3,0%	3,5%	4,0%	4,5%	5,0%
2,5	50	55	60	63	68	75	88	100	113	**125**
5	100	110	120	125	135	150	175	**200**	225	250
10	200	220	240	250	270	300	**350**	400	450	500
15	300	330	360	375	405	450	**525**	600	675	750
20	400	440	480	500	540	**600**	700	800	900	1000
25	500	550	600	625	**675**	750	875	1000	1125	1250
30	600	660	720	**750**	810	900	1050	1200	1350	1500
35	700	770	840	**875**	945	1050	1225	1400	1575	1750
40	800	880	**960**	1000	1080	1200	1400	1600	1800	2000
45	900	990	**1080**	1125	1215	1350	1575	1800	2025	2250
50	1000	**1100**	1200	1250	1350	1500	1750	2000	2250	2500
55	1100	**1210**	1320	1375	1485	1650	1925	2200	2475	2750
60	1200	**1320**	1440	1500	1620	1800	2100	2400	2700	3000
65	**1300**	1430	1560	1625	1755	1950	2275	2600	2925	3250
70	**1400**	1540	1680	1750	1890	2100	2450	2800	3150	3500
75	**1500**	1650	1800	1875	2025	2250	2625	3000	3375	3750
80	**1600**	1760	1920	2000	2160	2400	2800	3200	3600	4000

Die Gesamtfuttermenge wird dann in rund 70–80 % Fleisch, 10–20 % Gemüse und Obst, 8 % Getreide und/oder Milchprodukte aufgeteilt. Der Rest von 2 % darf aus Ölen und Nahrungsergänzungen bestehen.

Welpen ab ca. 8. Lebenswoche, Junghunde, trächtige/lactierende (säugende) Hündinnen, Senioren oder Hunde im Leistungssport/Arbeitseinsatz haben einen anderen Energiebedarf. Die Grundlage bildet wieder die Tabelle S. 121, die aber nur als Richtwert dienen kann!

Welpen und Junghunde

Das **momentane** Gewicht des Welpen/Junghundes wird mit dem gleichen Gewicht eines erwachsenen Hundes verglichen.

Liegt das Gewicht noch unter 20 % des erwarteten Endgewichts, so wird mit 2 multipliziert.

Bei 40 bis 80 % des erwarteten Endgewichtes des Welpen/Junghundes wird mit 1,6 multipliziert.

Bei über 80 % des erwarteten Endgewichtes des Welpen/Junghundes wird mit 1,2 multipliziert.

Beispiel:
Ihr Junghund hat ein erwartetes Endgewicht von 30 kg. Momentan wiegt er 10 kg. Sie nehmen den Bedarf eines erwachsenen Hundes mit 10 kg. Das sind ca. 350 g Futtermenge. Diese wird mit zwei multipliziert und es ergeben sich **700 g Futtermenge** pro Tag.

40 % des erwarteten Endgewichts sind bei 12 kg erreicht. Hier müssen Sie einen Mittelwert zwischen 10 kg und 15 kg aus der Tabelle nehmen und diesen mit 1,6 multiplizieren (z.B. 10 kg > 5 % > entspricht 500 g x 1,6 = **800 g Futtermenge** pro Tag).

80 % des erwarteten Endgewichts sind bei 24 kg erreicht. Nun berücksichtigen Sie z.B. das Gewicht von 25 kg. Das entspricht 675 g Futter. Sie multiplizieren 675 g mit 1,2 und erhalten **810 g Futtermenge** pro Tag.

Mit Erreichen des erwarteten Endgewichts (je nach Rasse und Größe) wird die Futtermenge, in unserem Beispiel 30 kg, für einen erwachsenen Hund zu Grunde gelegt.

Trächtige Hündin

Bis zur fünften Trächtigkeitswoche besteht ein normaler Energiebedarf. Ab der fünften/sechsten Woche wird die tägliche Futtermenge (je nach Größe der Hündin) um 25 bis 50 % angehoben. Dabei sollte die Gesamtfuttermenge individuell auf ca. drei bis sechs Mahlzeiten pro Tag aufgeteilt werden.

Beispiel:
Ihre Hündin hat einen Erhaltungsbedarf von 30 kg. Sie ist als mittelgroßer Hund zu bewerten. Ab der fünften/sechsten Trächtigkeitswoche kann die tägliche Futtermenge langsam um ca. 35 % angehoben werden = **1012,50 g Futtermenge** pro Tag.

Laktierende Hündin

Nach der Geburt erhöht sich der Energiebedarf langsam bis zum Dreifachen des normalen Erhaltungsbedarfes (je nach Größe des Wurfes). Spätestens ab der zweiten Woche der Säugephase sollte der Bedarf auf den dreifachen Wert gesteigert werden. Ab der fünften Woche der Säugephase wird langsam wieder reduziert auf das 1,5-fache des normalen Erhaltungsbedarfes. Ab der siebten/achten Woche der Säugephase wird wieder auf den normalen Erhaltungsbedarf zurückgegangen.

Beispiel:
Nehmen wir als Beispiel die Anzahl von **fünf Welpen** und unsere 30 kg schwere Hündin im normalen Erhaltungsbedarf. Sie bekommt in der Trächtigkeit ja nun **1012,50 g Futtermenge** pro Tag. Diese Futtermenge wird langsam um das dreifache erhöht = **3037,50 g Futtermenge** pro Tag.

Ab der fünften Woche der Säugephase langsam wieder auf 750 g reduzieren.
Oftmals sollte allerdings der normale Erhaltungsbedarf für ca. drei Tage nach der Säugephase um 50 % nach unten korrigiert werden.

Senioren
Eine Formel für die Berechnung der Energie für den alternden Hund gibt es nicht. Auch gibt es keine feststehende Altersgrenze. Ich habe allerdings schon häufig beobachtet, dass das Altern mit ca. sechs bis acht Lebensjahren beginnt. Am besten kontrolliert man bei älteren Hunden häufiger das Gewicht, denn ältere Hunde nehmen bei gleicher Futtermenge oftmals zu. Das wäre z.B. ein Anzeichen des »Älterwerdens«. Vielleicht bemerken Sie aber auch, dass Ihr Hund nicht mehr so viel tobt und spielt und insgesamt ruhiger wird (das würde dann auch für die Zunahme sprechen). Wenn Sie bemerken, dass Ihr Vierbeiner in die Jahre kommt, ist es sinnvoll, wenn Sie von der momentanen Fütterungsmenge ungefähr 30 bis 40 % abziehen.

Leistungshunde
Wie bei unseren Senioren, so gibt es auch hier keine generelle Formel. Zweckmäßig ist deshalb, dem nur ab und zu Leistungssport betreibenden Hund die Futtermenge am Vortag auf ca. 20 bis 30 % zu erhöhen. Bei dauerhaftem Leistungssport oder bei einem Arbeitshund kann die Futtermenge generell auf ca. 20 bis 30 % erhöht werden.

3.19 Umstellung auf Frischfutter

Es gibt verschiedene Empfehlungen, den Hund von Fertigfutter auf Frischfutter umzustellen. Welche für Ihren Hund in Frage kommt, hängt

von Ihrem Hund und Ihnen selber ab. Aus meiner Erfahrung heraus stürzen sich die meisten Hunde direkt auf die neuartige Mahlzeit und fressen mit Begeisterung. Aber es gibt auch Hunde, die nur wenige Bissen zu sich nehmen, zögerlich fressen oder sich zunächst skeptisch ihrem Napf nähern, kurz schnuppern und den Ort des Geschehens ohne zu fressen verlassen.

Die neuen Gerüche, der andersartige Geschmack, das fremde Aussehen erscheinen dann doch eher unheimlich. Das kann zum einen daran liegen, dass der Hund keine Lockstoffe in der Frischfütterung vorfindet. Lock- und Geschmacksstoffe befinden sich häufig im Fertigfutter, um dieses schmackhafter zu machen. Zum anderen liegt es daran, dass Hunde schlichtweg nichts mit der neuen Mahlzeit anzufangen wissen. Ihre natürlichen Instinkte sind ihnen abhanden gekommen, was die ursprüngliche Ernährung betrifft. Hat sich der »Mäkler« allerdings an das neue Futter gewöhnt, wird er rasch lernen, sich auf seine wiedererlangten Instinkte zu verlassen.

Umstellungsmöglichkeiten:

1. Die direkte Umstellung: Hier wird von einer auf die andere Mahlzeit vom Fertigfutter auf Frischfütterung gewechselt. Dabei wird ab sofort auf Fertigfutter komplett verzichtet.
2. Bei der langsameren Umstellung wird z.B. morgens mit Fertigfutter gefüttert und am Abend erhält der Hund Frischfütterung, damit er sich an die »neue« Kost langsam gewöhnen kann. (Teilbarf)
3. Noch eine Möglichkeit der langsameren Umstellung wäre, zunächst gegartes Fleisch zu füttern und nach Eingewöhnung über ein paar Wochen den Anteil von gegartem Fleisch täglich oder wöchentlich langsam zu verringern und durch rohes Fleisch zu ersetzen.

Die direkte Umstellung

Bei der direkten Umstellung ist lediglich der Gesundheitszustand und das Alter des Hundes zu beachten.

Für gesunde Hunde ohne Verdauungsprobleme, für Welpen und Junghunde sollte die direkte Umstellung gewählt werden. Welche Nahrungsmittel geeignet sind, ist den verschiedenen Kategorien im Kapitel 3 zu entnehmen.

In Kapitel 4 sind ein Futterplan für eine Woche und Rezepte als Fütterungsempfehlungen zu finden. Dort können Sie nach Belieben »stöbern« und ihre Phantasie anregen lassen.

Die langsamere Umstellung

Für Hunde, die älter oder sehr verdauungssensibel sind, sollte **Punkt 3** gewählt werden. Die Umstellung mit zunächst gegartem Fleisch fällt meistens einfacher, als die direkte Umstellung. Es dauert eine Weile, bis das Verdauungssystem sich neu eingestellt hat und der Magen ausreichend Magensäfte produziert.

Bei kranken Hunden kommt es auf die Art und Schwere der Erkrankung an, welche Form der Umstellung gewählt werden kann. Bei leichteren Beschwerden, wie z.B. Magenverstimmungen oder Verdauungsproblemen ohne organische Ursache, kann ebenfalls **Punkt 3** gewählt werden.

Bei schwerwiegenden, organischen Problemen sollten Sie einen Experten hinzuziehen.

Für wählerische Hunde, die das neue, frische Futter nicht anrühren wollen, erscheinen die **Punkte 2** oder **3** geeignet.

Die Umstellungszeit ist sehr unterschiedlich. Sie kann von einer Woche über mehrere Monate anhalten.

Wenn Sie Knochen füttern möchten, gehen Sie folgendermaßen vor:

Knochen, wie z.B. Kalbsknochen, Lammrippen oder Hühner-/Putenhälse, sollten zu Beginn der Umstellung noch nicht gefüttert werden, da sich erst genügend Magensäure bilden muss. Unter Trockenfuttergabe fehlt diese dem Hund oftmals, bzw. reicht nicht aus, um Knochen zu verdauen.

Wenn die Umstellung gut verläuft, kann nach sechs bis acht Wochen mit der Gabe einiger Hühnerhälse begonnen werden. Diese sind eher knorpelig, also relativ »weich«. Die ersten Hälse sollten **nach einer Mahlzeit** gereicht werden, dann ist die Magenwand bereits gut mit Nahrung ausgekleidet und es hat sich schon Magensaft gebildet. Die Hälse werden zunächst einzeln aus der Hand gefüttert. Gibt es nach einigen Malen keine Probleme, können Sie die Hälse auch in den Futternapf geben.

Wenn alles weiterhin zufriedenstellend verläuft, können nach ein paar Wochen die ersten fleischigen Kalbsknochen oder Lammrippen verfüttert werden. Immer aber daran denken: Knochen nach der Mahlzeit füttern. Mengenangaben entnehmen Sie dem *Kapitel 4.4 Futterplan für eine Woche*.

3.20 Entgiftungs-erscheinungen

Mit ungeeigneter Nahrung und mit vielen unnötigen Zusatzstoffen sammeln sich im Hund Giftstoffe an. Diese können bei artgerechter Nahrung endlich ausgeschieden werden.
Entgiftungserscheinungen während der Umstellung auf die Frischfütterung können, müssen aber nicht, vorkommen!
Bitte denken Sie nicht gleich, dass ihr Hund krank ist oder gar das neue Futter nicht verträgt. Im Laufe der Zeit (Monate oder Jahre) sammeln sich die unterschiedlichsten Gifte im Körper an. Aus Impfungen, Narkosemitteln, aus Zusatzstoffen im Fertigfutter, aus Leckerlis, Umweltbelastungen oder vielleicht auch aus während des Spaziergangs aufgenommenen Dingen können diese Toxine stammen. Durch die Frischfütterung bekommt der Organismus die Chance, Gifte auszuscheiden.
Die Symptome fallen nicht bei jedem Hund auf. Manche Hunde entgiften im Stillen und manche gar nicht.

Symptome der Entgiftung drücken sich vielfältig aus und können sein:
Husten und/oder Schnupfen
Mattigkeit
Erbrechen
Durchfall
Schleimiger oder schleimüberzogener Kot
Stark riechender Kot
Blähungen
Haarausfall
Verstärkter Fellwechsel
Schuppenbildung
Trockene Haut
Juckreiz
Schlechter Atem
Tränende oder eitrige Augen
Ohrenentzündungen (auch einseitig)
Schmutzige und/oder stark riechende Ohren mit bräunlichem Sekret
Juckende oder heiße Ohren
Vermehrter Urinabsatz; wurde im Vorfeld trocken gefüttert, sammelt sich häufig sehr viel Wasser im Körper an, welches nun ausgeschieden wird.
Allgemein schlechter Geruch, der Hund fängt an zu »müffeln«, er entgiftet über die Haut

Bitte erschrecken Sie nicht, und lassen Sie sich nicht verunsichern. Sollte Ihr Hund Symptome zeigen, so hilft er sich nun selber und scheidet alle Giftstoffe aus. Die Symptome können sofort, in ein paar Tagen oder sogar nach Wochen auftreten, die Dauer ist ebenfalls unterschiedlich. Oft bringt man die Entgiftungserscheinungen schon gar nicht mehr mit der Umstellung auf Frischfütterung in Verbindung. Die Dauer der Entgiftung ist abhängig davon, wie schnell der Hund in der Lage ist, die Giftstoffe auszuleiten, und wie stark er mit Toxinen belastet ist. Hunde mit Hautproblemen werden vermutlich über die Haut entgiften, Hunde mit Verdauungsbeschwerden über den Magen-Darmtrakt. Man kann das wie eine homöopathische Erstverschlimmerung ansehen.
Wenn Sie unsicher sind, ob Entgiftungserscheinungen vorliegen, lassen Sie dieses von einem Tierheilpraktiker oder naturheilkundlichem Tierarzt abklären.

Möchten Sie die Entgiftung positiv unterstützen, so stärken Sie das Immunsystem des Hundes mit Kräutern oder bestimmten Ergänzungsmitteln wie:
Feine grüne Tonerde, Chlorella Alge, Bienenblütenpollen.

3.21 Zusammenfassung

Energiebedarf, Gesamtfuttermenge

Der Energiebedarf im Erhaltungsstoffwechsel nimmt nicht parallel mit der Körpermasse zu. Größere Hunde benötigen pro Kilogramm Körpermasse weniger Energie als kleinere Rassen (metabolische Körpermasse). Die metabolische Körpermasse wird in der Tabelle unten berücksichtigt und ist fett gedruckt.

Die Gesamtfuttermenge wird dann in ca. 70 % Fleisch, 20 % Gemüse und Obst, 8 % Getreide und/oder Milchprodukte aufgeteilt. Der Rest von 2 % darf aus Ölen und Nahrungsergänzungen bestehen.

Wenn das gewünschte Gewicht nach ca. vier bis sechs Wochen nicht erreicht bzw. gehalten wurde, müssen die Fütterungsmengen und gegebenenfalls die Nahrungsmittelkompo-

kg	2,0 %	2,2 %	2,4 %	2,5 %	2,7 %	3,0 %	3,5 %	4,0 %	4,5 %	5,0 %
2,5	50	55	60	63	68	75	88	100	113	**125**
5	100	110	120	125	135	150	175	**200**	225	250
10	200	220	240	250	270	300	**350**	400	450	500
15	300	330	360	375	405	450	**525**	600	675	750
20	400	440	480	500	540	**600**	700	800	900	1000
25	500	550	600	625	**675**	750	875	1000	1125	1250
30	600	660	720	**750**	810	900	1050	1200	1350	1500
35	700	770	840	**875**	945	1050	1225	1400	1575	1750
40	800	880	**960**	1000	1080	1200	1400	1600	1800	2000
45	900	990	**1080**	1125	1215	1350	1575	1800	2025	2250
50	1000	**1100**	1200	1250	1350	1500	1750	2000	2250	2500
55	1100	**1210**	1320	1375	1485	1650	1925	2200	2475	2750
60	1200	**1320**	1440	1500	1620	1800	2100	2400	2700	3000
65	**1300**	1430	1560	1625	1755	1950	2275	2600	2925	3250
70	**1400**	1540	1680	1750	1890	2100	2450	2800	3150	3500
75	**1500**	1650	1800	1875	2025	2250	2625	3000	3375	3750
80	**1600**	1760	1920	2000	2160	2400	2800	3200	3600	4000

nenten aufgrund der Energiedichte individuell auf den Hund angepasst werden. Außerdem ist wichtig: Je mehr Kot der Hund ausscheidet, desto schlechter wird die Nahrung verwertet! Das Gewicht sollte stets kontrolliert werden. Dabei sollte es aber nicht nur mit den spezifischen Gewichtsmerkmalen des Rassestandards verglichen werden, sondern neben der

Gewichtskontrolle per Waage sollte auch der »Rippentest« mit einfließen.

Öl

Ein Teelöffel besitzt eine Aufnahmefähigkeit von ca. 3 g und ein Esslöffel von ca. 10 g. Leinöl, Hanföl, Walnussöl und Schwarzküm-

Gewicht des Hundes in kg	Ölmenge in g	Gewicht des Hundes in kg	Ölmenge in g
2,5	0,75	45	13,5
5	1,5	50	15
10	3	55	16,5
15	4,5	60	18
20	6	65	19,5
25	7,5	70	21
30	9	75	22,5
35	10,5	80	24
40	12	85	25,5

melöl sollten abwechselnd gefüttert werden. Gewechselt wird flaschenweise oder täglich. Lachsöl sollte dauerhaft ein- bis zweimal pro Woche gefüttert werden. Lebertran sollte einmal pro Woche gefüttert werden.

Calciumcitrat

Ein gehäufter Teelöffel besitzt eine Aufnahmefähigkeit von ca. 840 mg und ein gehäufter Esslöffel besitzt eine Aufnahmefähigkeit von ca. 2100 mg Calciumcitrat.

Bedarf des erwachsenen Hundes	
Körpergewicht ausgewachsener Hund	**Calciumcitrat täglich**
5 kg	436 mg
10 kg	732 mg
15 kg	992 mg
20 kg	1230 mg
25 kg	1455 mg
30 kg	1669 mg
35 kg	1873 mg
40 kg	2070 mg
45 kg	2262 mg
50 kg	2447 mg
55 kg	2629 mg
60 kg	2806 mg
65 kg	2980 mg
70 kg	3150 mg
75 kg	3317 mg
80 kg	3481 mg

Bedarf eines im Wachstum befindlichen Hundes		
Erwartetes Endgewicht (EE)	Bis zur Hälfte des EE Calciumcitrat täglich	Ab Hälfte des EE bis zum Endgewicht Calciumcitrat täglich
5 kg	678 mg	701 mg
10 kg	1069 mg	1179 mg
15 kg	2897 mg	3137 mg
20 kg	3733 mg	3913 mg
25 kg	4382 mg	4642 mg
30 kg	5112 mg	5275 mg
35 kg	5704 mg	5941 mg
40 kg	6370 mg	6630 mg
45 kg	6830 mg	7150 mg
50 kg	7552 mg	7756 mg
55 kg	7992 mg	8345 mg
60 kg	8595 mg	8925 mg
65 kg	9098 mg	9437 mg
70 kg	9750 mg	9880 mg
75 kg	10236 mg	10373 mg
80 kg	10716 mg	11112 mg

Bitte beachten: In Nahrungsmitteln befindet sich ebenfalls Calcium. Der hier vorgeschlagene Wert bezieht sich lediglich auf den Gesamtbedarf an Calcium.

Zusammenfassung ungeeigneter Nahrungsmittel:

Stichfleisch
Rohe Kartoffeln
Grüne Paprika
Auberginen
Kohlsorten (Wirsing, Weiß- und Rotkohl)
Avocados
Holunderbeeren, roh
Weintrauben
Quitten
Kapstachelbeeren
Karambole

Schokolade (Kakao)
Nüsse
Zwiebeln
Knoblauch (nur bedingt: maximal eine Menge von ca. 2 g, ca. eine halbe Knoblauchzehe
Hülsenfrüchte (Bohnen, Erbsen, Linsen, Soja)
Menschliche Nahrungsreste
(Alle Essensreste sind nicht als Dauerfütterung geeignet.)

Kapitel 4
Gestaltung der
Rationen in

4.1 Nahrungsaufnahme

Bevor im nachfolgenden Teil verschiedene Rationsgestaltungen vorgestellt werden, die auch praktisch umzusetzen sind, noch eine Anmerkung zur Nahrungsaufnahme:

Regelmäßige Fütterungszeiten
Die extrem komplexe Steuerung der Verdauung erfordert eine **regelmäßige Fütterung** des Hundes. Daher ist es sinnvoll, **zwei Mahlzeiten pro Tag** zu füttern.
Sehr großwüchsige Rassen wie z.B. Doggen, Bernhardiner, Irischer Wolfshund, Leonberger, Neufundländer erhalten sogar **drei- bis viermal pro Tag** ihre Mahlzeit. Nur so wird gewährleistet, dass die Verdauungssäfte rechtzeitig in Gang kommen.
Auf keinen Fall sollte ein Hund planlos und zufällig irgendwann am Tag gefüttert werden. Ei-

ne kleinere Portion am Morgen und eine größere Portion am Abend sind bei zweimaliger Fütterung ideal. Die morgendlichen und abendlichen festen Fütterungszeiten gehen schnell in Routine über, und es kommt auch nicht auf eine halbe Stunde an.
Viele Hunde erbrechen morgens weißen Schleim oder gelbe Gallenflüssigkeit. Das liegt daran (wenn keine chronische Erkrankung vorliegt), dass der Magen sich bereits auf Fut-

ter eingestellt hat, der Hund hat Hunger. Bei regelmäßiger Fütterung ist das morgendliche Erbrechen schnell vorbei.

Vor und nach Belastungen, Training oder intensiver Arbeit sollte ein Hund nicht gefüttert werden. Höchstleistungen werden erst erzielt, wenn mehrere Stunden seit der letzten Nahrungsaufnahme vergangen sind.

Im Umkehrschluss: Vor der nächsten Fütterung sollte ca. eine Stunde lang keine große Aktivität stattgefunden haben.

Temperatur der Nahrungsmittel
Nahrung sollte weder zu kalt, noch zu heiß gegeben werden.

Natürlich gilt zu jeder Mahlzeit: Ausreichend frisches Wasser in einem separaten Napf für den Hund bereitstellen!

Trennkost
Viele Hunde reagieren mit Blähungen oder Durchfall, wenn Getreide in Kombination mit rohem Fleisch gereicht wird. In diesem Fall sollte Getreide mit gegarten Nahrungsmitteln verfüttert werden, wie z.B. gegartem Fisch, gegartem Geflügel, aber auch mit Milchprodukten oder Thunfisch aus der Dose.

4.2 Willkommen in der Hundeküche!

Zubereitung der Mahlzeit in der Hundeküche
Fleisch: Fleisch wird **in rohem, gewolften Zustand** gefüttert. Dieses sollte im Vorfeld für ca. 2 Tage durchgefroren worden sein. Das Fleisch wird entweder am Abend vorher im

Hundeküche

Kühlschrank aufgetaut und rechtzeitig am folgenden Tag herausgenommen, oder es wird am Morgen außerhalb des Kühlschrankes aufgetaut, wenn es am Abend verfüttert wird. Fleisch sollte Zimmertemperatur bei Fütterung haben.

Fleisch am Stück kann auch ab und zu gefüttert werden. Dann sollten Sie aber die Möglichkeit haben, es nicht innerhalb der Wohnung, sondern z.B. im Garten zu geben. Fleisch am Stück wird ohne jegliche Zugabe gefüttert.

Fisch und Geflügel sollten **nicht roh** gefüttert werden, sondern in gegartem Zustand. Größere Mengen können Sie gut portionsweise einfrieren. Beides sollte ausreichend abgekühlt sein, bevor sie es verfüttern.

Gemüse: Gemüse wird, je nach Sorte, ca. zehn Minuten gegart und dann püriert. Sie können frisches Gemüse oder Tiefkühlgemüse

wählen. Auch Gemüse sollte abgekühlt sein, bevor es dem Hund gegeben wird. Auch hier gilt: Größere Mengen lassen sich gut portionsweise einfrieren.

Für im Handel erhältliche Gemüseflocken reicht es aus, diese in warmem Wasser für ca. 15 Minuten einzuweichen. Werden die Gemüseflocken unverdaut ausgeschieden, sollten Sie sie zusätzlich pürieren. Gemüseflocken sollten keine Konservierungsstoffe oder künstliche Vitamine oder Mineralstoffe enthalten!

Getreide: Getreide wird gegart. Die Menge des Getreides wird mit mindestens der drei- bis vierfachen Menge Wasser aufgesetzt, einmal aufgekocht und bei **kleiner Hitze** solange gegart, bis die Flüssigkeit verdampft ist. Bitte zwischendurch öfter umrühren, damit nichts anbrennt. Getreide gut abkühlen lassen, bevor es gefüttert wird. Oder eine größere Menge zubereiten und portionsweise einfrieren.

Im Handel erhältliche Getreideflocken werden ca. 15 Minuten in warmem Wasser eingeweicht. Sie sollten frei von Konservierungsstoffen oder künstlichen Vitaminen oder Mineralstoffen sein.

Obst: Obst wird roh gefüttert und je nach Sorte püriert, geknetet, gerieben oder klein geschnitten. Beispiel: Erdbeeren pürieren, Banane kneten, Apfel reiben oder kleinschneiden. Bei geschnittenem Obst darauf achten, ob die Obststückchen unverdaut ausgeschieden werden. Falls dies so wäre, sollte das Obst püriert, geknetet oder gerieben werden.

Milchprodukte: Milchprodukte bei Zimmertemperatur, also nicht direkt aus dem Kühlschrank, füttern.

Eier: Entweder ein rohes Eigelb ohne Eiklar bei Zimmertemperatur füttern. Oder ein

komplettes gekochtes, abgekühltes Ei ohne Schale füttern.

Öle: Diese im Kühlschrank aufbewahren und auch direkt aus dem Kühlschrank unter die Mahlzeit geben. Die Menge ist so gering, dass das Öl kalt gefüttert werden kann. Bei magen-/darmsensiblen Hunden kann das Öl auch eine Stunde vor Fütterung aus dem Kühlschrank genommen und nach Anwendung wieder zurückgestellt werden. **Kaltgepresste Öle bitte niemals erhitzen!**

4.3 Unsere erste Mahlzeit

Genug der Theorie! Auf geht's in die Hundeküche, wo Schritt für Schritt die erste Mahlzeit zubereitet wird:

Zutaten:
Fleisch, gewolft
Gemüse, frisch oder tiefgefroren
Salat, gemischt
Kaltgepresstes Öl
Nahrungsergänzungen: Seealgenmehl (Ascophyllum nodosum) und Calciumcitrat

Zubereitung:
Fleisch auftauen > Gewolftes rohes Fleisch: Rindermuskelfleisch, Lefze und grüner Pansen

Fleisch, gewolft

Gemüse garen > Möhrchen, Kohlrabi und Broccoli

Das Gemüse wird mit der Garflüssigkeit püriert.

Salat vorbereiten > Eisbergsalat, Radicchio, Frisee, Kopfsalat

Salat

Der Salat wird klein geschnitten.

Hinzu kommt der kleingeschnittene Salat.

Fleisch mit Gemüse und Salat

Nun kommen die Zusätze Seealgenmehl und Calciumcitrat hinzu.

Wenn das Fleisch komplett aufgetaut ist, wird es mit dem pürierten Gemüse in den Napf gegeben

Zusätze

Zu guter Letzt kommt Öl in den Napf.

Fleisch und Gemüse

Öl

Nun alles umrühren. Fertig!

Eine komplett hergestellte Mahlzeit.

Nach diesem Prinzip wird jede Mahlzeit hergerichtet.

4.4 Futterplan für eine Woche

Im Nachfolgenden habe ich verschiedene Mahlzeiten aufgelistet, die einen Speiseplan für eine Woche ergeben. Dieser Futterplan ist für gesunde, erwachsene (adulte) Hunde geeignet und könnte nach einer Woche wieder von vorne begonnen werden, da er ausgewogene Nährstoffkomponenten und Zusätze enthält.

Die Mahlzeiten beinhalten die verschiedenen Nahrungsmittelkategorien. Die verschiedenen Lebensmittel sind gut miteinander kombinierbar.

Der Futterplan berücksichtigt auch die Energiedichte, das bedeutet, Muskelfleisch steht für generell eher mageres Fleisch. Alternativ könnte eine andere, magere Fleischsorte gewählt werden. Kopffleisch steht im Gegensatz dazu generell für eher fetthaltigeres Fleisch. Alternativ könnte eine andere Fleischsorte, welche eher fetthaltig ist, gewählt werden.

Der Wochenplan kann flexibel unter Berück-

sichtigung aller Nahrungsmittelkategorien angepasst werden.

Die Mengenangaben können zur Erleichterung einmalig abgewogen werden. Nehmen Sie einen Esslöffel voll Gemüse und wiegen es ab. So wissen Sie, wie viele Esslöffel Sie jeweils benötigen und brauchen nicht ständig erneut abzuwiegen.

Hier nun die Speisekarte für unsere einwöchige Futterplanvariation:

Frühstück	
Frühstück 1	Obstcocktail auf Kamut-Grießbrei
Frühstück 2	Thunfisch auf Quinoa mit Hühnerei
Frühstück 3	Kopffleisch im Apfelbett
Frühstück 4	Quark mit Obst auf Hagebutte
Frühstück 5	Grüner Pansen pur
Frühstück 6	Fischfilet auf Buchweizen
Frühstück 7	Hühnerherzen auf Eidotter

Abendbrot	
Abendbrot 1	Hähnchenbrustfilet im Kartoffelflockenbett
Abendbrot 2	Rindermuskelfleisch mit Möhrchen
Abendbrot 3	Rinder-Kopffleisch mit Reis
Abendbrot 4	Rinderherz mit Gemüse
Abendbrot 5	Grüner Pansen pur
Abendbrot 6	Fischfilet auf Buchweizen mit Salat
Abendbrot 7	Grüner Pansen pur

Aus der Speisekarte wird nun jeweils eine Tageskombination ausgewählt.

Frühstück 1:
Obstcocktail auf Kamut-Grießbrei

Zutaten:
Obst nach Wahl
Kamutgrieß
Kaltgeschleuderter Honig
Jodiertes Speisesalz

Zubereitung:
Das Obst reiben, kleinschneiden oder pürieren. Kamutgrieß mit einer Prise Salz garen. Obst und Kamutgrieß nach der Zubereitung vermengen und in den Futternapf geben.

Gewicht des Hundes	Obst nach Wahl	Kamutgries gegart	Honig
5 kg	10 g	15 g	1/2 Teelöffel
10 kg	15 g	15 g	3/4 Teelöffel
15 kg	15 g	20 g	1 Teelöffel
20 kg	40 g	30 g	1 Teelöffel
25 kg	40 g	55 g	1 Teelöffel
30 kg	60 g	80 g	1 1/2 Teelöffel
35 kg	60 g	90 g	1 1/2 Teelöffel
40 kg	60 g	90 g	1 1/2 Teelöffel
50 kg	80 g	110 g	2 Teelöffel
60 kg	80 g	120 g	2 Teelöffel
70 kg	100 g	130 g	2 Teelöffel
80 kg	110 g	150 g	2 1/2 Teelöffel

Abendbrot 1:
Hähnchenbrustfilet im Kartoffelbett

Zutaten:
Hähnchenbrustfilet
Kartoffeln oder Kartoffelflocken
(im Handel erhältlich)
Spirulina
Calciumcitrat
Leinöl

Zubereitung:
Hähnchenbrustfilet garen und abkühlen lassen.
Kartoffeln kochen und abkühlen lassen oder Kartoffelflocken ca. 5 Minuten (je nach Hersteller) in warmem Wasser einweichen.
Nach der Zubereitung abgekühlt in den Napf geben. Mit Spirulina, Calciumcitrat und Leinöl vermengen.

Gewicht des Hundes	Hähnchenbrust gegart	Kartoffeln gegart	Leinöl	Spirulina	Calciumcitrat
5 kg	150 g	50 g	1/2 Teelöffel	1/2 Teelöffel	1/2 Teelöffel
10 kg	280 g	80 g	1 Teelöffel	1/2 Teelöffel	1 gestrichener Teelöffel
15 kg	400 g	85 g	1 1/2 Teelöffel	1 Teelöffel	1 gehäufter Teelöffel
20 kg	450 g	130 g	2 Teelöffel	1 Teelöffel	1 1/2 Teelöffel
25 kg	480 g	135 g	2 Teelöffel	1 Teelöffel	1 1/2 Teelöffel
30 kg	500 g	160 g	1 Esslöffel	1 1/2 Teelöffel	2 gehäufte Teelöffel
35 kg	550 g	180 g	1 Esslöffel	1 1/2 Teelöffel	2 gehäufte Teelöffel
40 kg	650 g	180 g	1 Esslöffel	2 Teelöffel	1 Esslöffel
50 kg	750 g	220 g	1 1/2 Esslöffel	2 1/2 Teelöffel	1 gehäufter Esslöffel
60 kg	900 g	240 g	2 Esslöffel	2 1/2 Teelöffel	1 1/2 Esslöffel
70 kg	1000 g	280 g	2 Esslöffel	2 1/2 Teelöffel	1 1/2 Esslöffel
80 kg	1100 g	300 g	2 1/2 Esslöffel	2 1/2 Teelöffel	1 1/2 Esslöffel

Frühstück 2:
Thunfisch auf Quinoa mit Ei

Zutaten:
Thunfisch im eigenen Saft (aus der Dose)
Quinoa
Hühnerei

Zubereitung:
Quinoa garen.
Hühnerei kochen.
Quinoa und Ei abgekühlt vermengen, Thunfisch zugeben und in den Futternapf geben.

Gewicht des Hundes	Thunfisch im eigenen Saft	Quinoa gegart	Hühnerei
5 kg	1/4 Dose	10 g	1/2
10 kg	1/4 Dose	20 g	1/2
15 kg	1/4 Dose	30 g	1
20 kg	1/2 Dose	40 g	1
25 kg	1/2 Dose	40 g	1
30 kg	1/2 Dose	50 g	1
35 kg	1/2 Dose	50 g	1
40 kg	1/2 Dose	60 g	1
50 kg	3/4 Dose	70 g	1
60 kg	3/4 Dose	90 g	2
70 kg	1 Dose	100 g	2
80 kg	1 Dose	100 g	2

Abendbrot 2:
Rinder-Muskelfleisch mit Möhrchen

Zutaten:
Muskelfleisch, gewolft
Möhren
Seealgenmehl
Calciumcitrat
Hanföl

 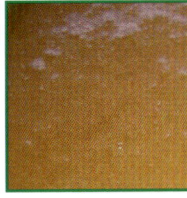

Möhrenmus

Zubereitung:
Möhren garen. Im Anschluss pürieren und abkühlen lassen.

Das Muskelfleisch rechtzeitig auftauen und in den Futternapf geben. Mit den pürierten, abgekühlten Möhren vermengen. Zum Schluss kommen Seealgenmehl, Calciumcitrat und Hanföl hinzu. Umrühren und servieren.

Gewicht des Hundes	Muskelfleisch	Möhren	Hanföl	Seealgenmehl	Calciumcitrat
5 kg	100 g	30 g	1/2 Teelöffel	1 Teelöffel	1/2 Teelöffel
10 kg	200 g	50 g	1 Teelöffel	1 Teelöffel	1 gestrichener Teelöffel
15 kg	250 g	80 g	1 1/2 Teelöffel	1 1/2 Teelöffel	1 gehäufter Teelöffel
20 kg	300 g	80 g	2 Teelöffel	1 1/2 Teelöffel	1 1/2 Teelöffel
25 kg	400 g	80 g	2 Teelöffel	2 Teelöffel	1 1/2 Teelöffel
30 kg	500 g	100 g	1 Esslöffel	2 Teelöffel	2 gehäufte Teelöffel
35 kg	650 g	100 g	1 Esslöffel	1 gehäufter Essl.	2 gehäufte Teelöffel
40 kg	700 g	100 g	1 Esslöffel	1 gehäufter Essl.	1 Esslöffel
50 kg	800 g	150 g	1 1/2 Esslöffel	1 1/2 Esslöffel	1 gehäufter Esslöffel
60 kg	900 g	150 g	2 Esslöffel	1 1/2 Esslöffel	1 1/2 Esslöffel
70 kg	950 g	200 g	2 1/2 Esslöffel	2 Esslöffel	1 1/2 Esslöffel
80 kg	1100 g	250 g	2 1/2 Esslöffel	2 Esslöffel	1 1/2 Esslöffel

Frühstück 3:
Rinder-Kopffleisch im Apfelbett

Zutaten:
Kopffleisch, gewolft
Apfel

Zubereitung:
Das Kopffleisch rechtzeitig auftauen. Den Apfel reiben oder klein schneiden. Mit dem Kopffleisch in den Futternapf geben, umrühren und servieren.

Gewicht des Hundes	Kopffleisch	Apfel
5 kg	30 g	1/4 Apfel
10 kg	40 g	1/2 Apfel
15 kg	60 g	1/2 Apfel
20 kg	70 g	1/2 Apfel
25 kg	80 g	1/2 Apfel
30 kg	100 g	1 Apfel
35 kg	120 g	1 Apfel
40 kg	150 g	1 Apfel
50 kg	200 g	1 1/2 Äpfel
60 kg	200 g	2 1/2 Äpfel
70 kg	200 g	2 Äpfel
80 kg	250 g	2 Äpfel

Abendbrot 3:
Rinder-Kopffleisch auf Reis

Zutaten:
Kopffleisch, gewolft
Reis
Chlorella
Calciumcitrat
Walnussöl

Zubereitung:
Das Kopffleisch frühzeitig auftauen.
Den Reis garen.
Den abgekühlten Reis mit dem Kopffleisch in den Futternapf geben. Zum Schluss kommen Chlorella, Calciumcitrat und Walnussöl hinzu. Umrühren und servieren.

Gewicht des Hundes	Kopffleisch	Reis gegart	Walnussöl	Chlorella	Calciumcitrat
5 kg	50 g	10 g	1/2 Teelöffel	1/2 Teelöffel	1/2 Teelöffel
10 kg	90 g	30 g	1 Teelöffel	1/2 Teelöffel	1 gestrichener Teelöffel
15 kg	100 g	60 g	1 1/2 Teelöffel	1 Teelöffel	1 gehäufter Teelöffel
20 kg	130 g	70 g	2 Teelöffel	1 Teelöffel	1 1/2 Teelöffel
25 kg	170 g	75 g	2 Teelöffel	1 1/2 Teelöffel	1 1/2 Teelöffel
30 kg	200 g	80 g	1 Esslöffel	1 1/2 Teelöffel	2 gehäufte Teelöffel
35 kg	230 g	80 g	1 Esslöffel	2 Teelöffel	2 gehäufte Teelöffel
40 kg	250 g	100 g	1 Esslöffel	2 Teelöffel	1 Esslöffel
50 kg	300 g	150 g	1 1/2 Esslöffel	1 Esslöffel	1 gehäufter Esslöffel
60 kg	350 g	150 g	2 Esslöffel	1 Esslöffel	1 1/2 Esslöffel
70 kg	400 g	150 g	2 1/2 Esslöffel	2 Esslöffel	1 1/2 Esslöffel
80 kg	400 g	200 g	2 1/2 Esslöffel	2 Esslöffel	1 1/2 Esslöffel

Frühstück 4:
Quark mit Obst auf Hagebutte

Zutaten:
Quark, 40% Fett i.Tr.
Obst nach Wahl
gemahlene Hagebutte

Zubereitung:
Das Obst reiben, kleinschneiden oder pürieren, mit Quark und Hagebutte in den Futternapf geben, umrühren und servieren.

Gewicht des Hundes	Quark 40%	Obst nach Wahl	Hagebutte gemahlen
5 kg	70 g	10 g	1/2 Teelöffel
10 kg	80 g	20 g	1/2 Teelöffel
15 kg	130 g	30 g	1 Teelöffel
20 kg	150 g	40 g	1 Teelöffel
25 kg	180 g	40 g	1 1/2 Teelöffel
30 kg	200 g	50 g	1 1/2 Teelöffel
35 kg	250 g	50 g	2 gehäufte Teelöffel
40 kg	200 g	60 g	2 gehäufte Teelöffel
50 kg	250 g	70 g	1 gehäufter Esslöffel
60 kg	280 g	90 g	1 1/2 Esslöffel
70 kg	300 g	100 g	1 1/2 Esslöffel
80 kg	330 g	100 g	1 1/2 Esslöffel

Abendbrot 4
Rinderherz mit Gemüse

Zutaten:
Rinderherz, gewolft
Gemüse nach Wahl
Kokosflocken
Calciumcitrat
Lachsöl

Zubereitung:
Rinderherz frühzeitig auftauen.
Das Gemüse garen.
Abgekühltes Gemüse mit Rinderherz in den Futternapf geben. Zum Schluss kommen Kokosflocken, Calciumcitrat und Lachsöl hinzu. Umrühren und servieren.

Gewicht des Hundes	Rinder-herz	Gemüse-mischung	Lachsöl	Kokosflocken	Calciumcitrat
5 kg	100 g	30 g	1/2 Teelöffel	1 Teelöffel	1/2 Teelöffel
10 kg	200 g	50 g	1 Teelöffel	1 Teelöffel	1 gestrichener Teelöffel
15 kg	250 g	80 g	1 1/2 Teelöffel	1 1/2 Teelöffel	1 gehäufter Teelöffel
20 kg	350 g	80 g	2 Teelöffel	1 1/2 Teelöffel	1 1/2 Teelöffel
25 kg	400 g	80 g	2 Teelöffel	2 Teelöffel	1 1/2 Teelöffel
30 kg	500 g	100 g	1 Esslöffel	2 Teelöffel	2 gehäufte Teelöffel
35 kg	550 g	100 g	1 Esslöffel	1 gehäufter Esslöffel	2 gehäufte Teelöffel
40 kg	700 g	100 g	1 Esslöffel	1 gehäufter Esslöffel	1 Esslöffel
50 kg	800 g	150 g	1 1/2 Esslöffel	1 1/2 Esslöffel	1 gehäufter Esslöffel
60 kg	900 g	150 g	2 Esslöffel	1 1/2 Esslöffel	1 1/2 Esslöffel
70 kg	1000 g	200 g	2 1/2 Esslöffel	2 Esslöffel	1 1/2 Esslöffel
80 kg	1100 g	250 g	2 1/2 Esslöffel	2 Esslöffel	1 1/2 Esslöffel

Frühstück 5:
Grüner Pansen

Zutaten:
Grüner Pansen, gewolft

Zubereitung:
Grünen Pansen frühzeitig auftauen, in den Futternapf geben und servieren

Gewicht des Hundes	grüner Pansen
5 kg	60 g
10 kg	80 g
15 kg	130 g
20 kg	150 g
25 kg	220 g
30 kg	200 g
35 kg	250 g
40 kg	250 g
50 kg	350 g
60 kg	400 g
70 kg	500 g
80 kg	550 g

Abendbrot 5:
Grüner Pansen

Zutaten:
Grüner Pansen, gewolft
Calciumcitrat
Lebertran

Zubereitung:
Grünen Pansen frühzeitig auftauen und mit Calciumcitrat und Lebertran vermengen. Umrühren und servieren.

Gewicht des Hundes	grüner Pansen	Lebertran	Calciumcitrat
5 kg	110 g	1/2 Teelöffel	1/2 Teelöffel
10 kg	200 g	1 Teelöffel	1 gestrichener Teelöffel
15 kg	270 g	1 1/2 Teelöffel	1 gehäufter Teelöffel
20 kg	380 g	2 Teelöffel	1 1/2 Teelöffel
25 kg	430 g	2 Teelöffel	1 1/2 Teelöffel
30 kg	540 g	1 Esslöffel	2 gehäufte Teelöffel
35 kg	550 g	1 Esslöffel	2 gehäufte Teelöffel
40 kg	650 g	1 Esslöffel	1 Esslöffel
50 kg	750 g	1 1/2 Esslöffel	1 gehäufter Esslöffel
60 kg	900 g	2 Esslöffel	1 1/2 Esslöffel
70 kg	950 g	2 1/2 Esslöffel	1 1/2 Esslöffel
80 kg	1050 g	2 1/2 Esslöffel	1 1/2 Esslöffel

Frühstück 6:
Fischfilet auf Buchweizen

Zutaten:
Fischfilet
Buchweizen oder Buchweizenflocken
Gänseschmalz für Hunde ab 20 kg Gewicht
Fisch besitzt eine niedrige Energiedichte,
deshalb kommt hier Gänse- oder Schweine-
schmalz hinzu.

Zubereitung:
Fischfilet in kleinere Stücke schneiden, garen
und abkühlen lassen.
Buchweizen, entweder kochen und abkühlen
lassen oder Buchweizenflocken, die für ca.
15 Minuten in warmem Wasser eingeweicht
werden. Nach der Zubereitung abgekühlt mit

Gewicht des Hundes	Fischfilet	Buch-weizen gegart	Gänse-/ Schweine-schmalz
5 kg	50 g	10 g	
10 kg	100 g	10 g	
15 kg	150 g	20 g	
20 kg	200 g	20 g	5 g
25 kg	300 g	30 g	5 g
30 kg	300 g	40 g	10 g
35 kg	350 g	40 g	10 g
40 kg	400 g	50 g	10 g
50 kg	500 g	50 g	15 g
60 kg	600 g	50 g	15 g
70 kg	650 g	60 g	15 g
80 kg	700 g	60 g	15 g

dem Fischfilet in den Napf geben, umrühren
und servieren.

Abendbrot 6:
Fischfilet auf Buchweizen mit Salat

Zutaten:
Fischfilet
Buchweizen oder Buchweizenflocken
Salat
Calciumcitrat
Leinöl

Zubereitung:
Fischfilet garen und abkühlen lassen.
Buchweizen entweder kochen oder Buchwei-
zenflocken für ca. 15 Minuten in warmem
Wasser einweichen.
Salat waschen und kleinschneiden. Nach der
Zubereitung Buchweizen oder Buchweizen-
flocken abgekühlt mit dem Fischfilet mischen,
Salat untermengen, Calciumcitrat und Leinöl
hinzugeben, umrühren und servieren.

Gewicht des Hundes	Fischfilet	Buchweizen gegart	Salat nach Wahl	Leinöl	Calciumcitrat
5 kg	120 g	25 g	40 g	1/2 Teelöffel	1/2 Teelöffel
10 kg	250 g	30 g	40 g	1 Teelöffel	1 gestrichener Teelöffel
15 kg	300 g	40 g	50 g	1 1/2 Teelöffel	1 gehäufter Teelöffel
20 kg	350 g	50 g	60 g	2 Teelöffel	1 1/2 Teelöffel
25 kg	400 g	50 g	70 g	2 Teelöffel	1 1/2 Teelöffel
30 kg	450 g	50 g	70 g	1 Esslöffel	2 gehäufte Teelöffel
35 kg	500 g	60 g	70 g	1 Esslöffel	2 gehäufte Teelöffel
40 kg	550 g	70 g	70 g	1 Esslöffel	1 Esslöffel
50 kg	600 g	100 g	80 g	1 1/2 Esslöffel	1 gehäufter Esslöffel
60 kg	700 g	100 g	80 g	2 Esslöffel	1 1/2 Esslöffel
70 kg	850 g	100 g	100 g	2 1/2 Esslöffel	1 1/2 Esslöffel
80 kg	900 g	100 g	100 g	2 1/2 Esslöffel	1 1/2 Esslöffel

Frühstück 7:
Hühnerherzen auf Eidotter

Zutaten:
Hühnerherzen
Hühner-Eigelb

Zubereitung:
Hühnerherzen garen und abkühlen lassen.
Im Anschluss mit einem rohen Eigelb in den
Napf geben. Umrühren und servieren.

Gewicht des Hundes	Hühnerherzen	Eigelb
5 kg	60 g	1
10 kg	80 g	1
15 kg	130 g	1
20 kg	150 g	1
25 kg	220 g	1
30 kg	200 g	1
35 kg	250 g	1
40 kg	250 g	1
50 kg	350 g	1
60 kg	400 g	1
70 kg	500 g	2
80 kg	550 g	2

Abendbrot 7:
Grüner Pansen

Zutaten:
Grüner Pansen, gewolft
Calciumcitrat
Hanföl

Zubereitung:
Grünen Pansen frühzeitig auftauen, mit
Calciumcitrat und Hanföl vermengen.
Umrühren und servieren.

Gewicht des Hundes	Grüner Pansen	Hanföl	Calciumcitrat
5 kg	110 g	1/2 Teelöffel	1/2 Teelöffel
10 kg	200 g	1 Teelöffel	1 gestrichener Teelöffel
15 kg	270 g	1 1/2 Teelöffel	1 gehäufter Teelöffel
20 kg	380 g	2 Teelöffel	1 1/2 Teelöffel
25 kg	430 g	2 Teelöffel	1 1/2 Teelöffel
30 kg	540 g	1 Esslöffel	2 gehäufte Teelöffel
35 kg	550 g	1 Esslöffel	2 gehäufte Teelöffel
40 kg	650 g	1 Esslöffel	1 Esslöffel
50 kg	750 g	1 1/2 Esslöffel	1 gehäufter Esslöffel
60 kg	900 g	2 Esslöffel	1 1/2 Esslöffel
70 kg	950 g	2 1/2 Esslöffel	1 1/2 Esslöffel
80 kg	1050 g	2 1/2 Esslöffel	1 1/2 Esslöffel

Knochenfütterung:

Vereinzelt können Sie auch Kalbsknochen, Lammrippen oder Hühner-/Putenhälse füttern. Die hier aufgelistete Menge könnte z.B. alle 14 Tage gefüttert werden. Bitte jeweils nur eine Sorte! Sollten Sie bemerken, dass der Kot sehr hart, weiß und/oder krümelig ist, reduzieren Sie die Knochenmenge.

Calciumcitrat lassen sie für den Tag des Knochenfütterns und den drei bis vier Tagen danach aus (je nach Kotbeschaffenheit). Calciumcitrat lassen Sie bei Hälsen für den Tag der Fütterung aus.

Gewicht des Hundes	Kalbsbrust-knochen	Hühnerhälse
5 kg	5 g	50 g
10 kg	5 g	60 g
15 kg	10 g	80 g
20 kg	10 g	100 g
25 kg	80 g	120 g
30 kg	80 g	150 g
35 kg	100 g	200 g
40 kg	120 g	250 g
50 kg	150 g	300 g
60 kg	150 g	300 g
70 kg	180 g	350 g
80 kg	200 g	400 g

Alternative Anregungen:

Frühstück:
Joghurt mit Honig und Kokosflocken
Hüttenkäse im Dinkelflockenbrei
Rinderherz im Obstbett
Hühnerherzen mit Kresse
Hühnerherzen im Gemüsebett
Putenbrust mit Buchweizenflocken
Krabbencocktail (Joghurtsoße) mit Kamutflocken
Kamutnudeln mit passierten Tomaten
Mozzarella mit Basilikum
Frischkäse auf Zucchini

Fetakäse im Kürbismantel
Ziegenmilch mit Obst

Abendbrot:
Rinderkopffleisch mit Rübengemüse
Hähnchenbrust mit Reis und frischer Ananas
Wildfleisch mit Spinat
Kaninchenfleisch mit Frischkäse
Truthahnfleisch mit Kamutnudeln
Calamaris im Salatbett
Rinderlefze mit Hüttenkäse
Heidschnuckenfleisch mit Kartoffeln
Rinderhack mit Dinkelnudeln

Nachtisch:
Putenhals
Hühnerhälse
Kalbsbrustknochen
Lammrippen
Hühnerflügel

4.5 Fütterung in Trächtigkeit und Laktation

Nach dem Prinzip des Futterplanes werden auch trächtige/laktierende Hündinnen gefüttert. Die Futtermengen (siehe 3.18, Seite 119) und die vier bis fünf Mahlzeiten pro Tag müssen individuell angepasst werden.

In den letzten Tagen vor der Geburt sollten leichtverdauliche Mahlzeiten verabreicht werden, z.B. Fisch, Geflügel, Kaninchen. Es sollten keine Knochen mehr gefüttert werden.

Der Bedarf an Vitaminen und Mineralstoffen steigt nun stark an (Vitamine der B-Gruppe, Folsäure, Zink, u.a.). Aber da die Futtermenge erhöht wird, bekommt die trächtige Hündin dementsprechend auch mehr Vitamine und Mineralstoffe.

Sie sollten ohne Absprache mit dem behandelnden Tierarzt oder einem qualifizierten Ernährungsberater keine zusätzlichen Vitamin-/ oder Mineralstoffpräparate in Eigenregie füttern.

Nach der Geburt erhöht sich der Energiebedarf langsam bis zum Dreifachen des normalen Erhaltungsbedarfes (je nach Größe des Wurfes).

Spätestens ab der zweiten Woche der Säugephase sollte der Erhaltungsbedarf auf das Dreifache angehoben werden.

Ab der fünften Woche der Säugephase wird langsam wieder reduziert auf das 1,5-fache des normalen Erhaltungsbedarfes.

Ab der siebten bis achten Woche der Säugephase auf den normalen Erhaltungsbedarf zurückgehen.

Absetzphase

In der Absetzphase, also der Zeit nach der Säugephase, sollte – je nach Zunahme in der Trächtigkeit und Säugephase – für ca. drei Tage die Tagesmenge des Erhaltungsbedarfs um jeweils 50 % reduziert werden.

4.6 Fütterung für 3–8 Wochen alte Welpen

Welpen sollten mindestens bis Ende der dritten Lebenswoche vollständig von der Mutter ernährt werden. Frühestens ab der vierten Woche kann die Zufütterung beginnen. Den richtigen Zeitpunkt erkennt man daran, dass die Welpen zunehmendes Interesse am Futter der

Säugende Hündin

Mutter zeigen, indem der Futternapf plötzlich Beachtung erhält oder sie beginnen, ganz eifrig an den Lefzen der Mutter zu lecken, wenn diese vom Napf zurückkommt. Jetzt ist der richtige Zeitpunkt gekommen, um den Welpen erstmals einen Brei anzubieten. Dieser ist anfangs noch recht flüssig, um die Umstellung vom Saugen zum Lecken und Kauen zu erleichtern. Das Verdauungssystem ist noch nicht komplett ausgebildet.

Grundlage des Beispiels bilden Welpen einer 30 kg schweren Hündin.

Erste Zufütterung ab ca. vierter Lebenswoche mit selbsterstelltem Welpenbrei

Pro Welpe an Zutaten und Menge:
250–300 ml Ziegenmilch (im fertigen Zustand)
1/4 Teelöffel Slippery Elm darin auflösen
1 TL Honig dazugeben
Ein paar Tropfen Leinöl hinzufügen
Diese Mischung auf 3 Mahlzeiten täglich aufteilen. Die zubereitete Milch wird zusätzlich zum Säugen gefüttert.

Nach ein paar Tagen erfolgt die **zweite Zufütterung** (zwischen der vierten und fünften Woche).

Nachdem der erste Welpenbrei gut aufgenommen wurde, kommen nun ca. 10 g Haferflocken oder Kamutgrieß hinzu. Haferflocken- oder Grießmenge langsam täglich erhöhen, so dass ein etwas festerer Brei entsteht.

Diese Mischung weiterhin auf 3 Mahlzeiten täglich aufteilen. Der zubereitete Brei wird zusätzlich neben dem Säugen gefüttert.

Dritte Zufütterung (ab fünfter Woche)
Welpenbrei mit Haferflocken oder Kamutgrieß ergänzen, so dass ein fester Brei entsteht. Diesen Welpenbrei nun auf 2 Mahlzeiten täglich aufteilen!

Die nun zugefütterte dritte Mahlzeit besteht aus ca. 20 g Tatar.

Vierte Zufütterung (ab sechster Woche, nun wird der Welpe langsam von der Mutter entwöhnt)
Der Welpenbrei wird wie gehabt angeboten, aber weiter ergänzt. In den Welpenbrei kommen nun auch schon ein klein wenig Joghurt (3,5% Fett) und ein kleines Stückchen Banane (geknetet) hinzu. Diesen Welpenbrei auf zwei Mahlzeiten täglich aufteilen!

Die dritte Mahlzeit besteht jetzt aus ca. 50 g Tatar und einer kleinen Menge Möhrchen aus dem Glas (Babynahrung) oder frisch gegarter und pürierter, kleiner Möhrchen.

Fünfte Zufütterung (ab siebter Woche)
Ein Welpenbrei wie in der vierten Zufütterung beschrieben. Allerdings können nun statt Haferflocken oder Kamutgrieß auch Speisehirse oder Buchweizen mit hineingegeben werden. Außerdem kann die Banane jetzt durch andere Obstsorten ersetzt werden. Diesen Welpenbrei bitte wieder auf zwei Mahlzeiten täglich aufteilen!
Die dritte und nun auch vierte Mahlzeit besteht aus **jeweils** ca. 100 g fein gewolftem Rindermuskelfleisch mit Möhrchen und Fenchel. Ein Eigelb darf in der siebten Woche auch mit in die Mahlzeit hinein.

Sechste Zufütterung (ab achter Woche)
Welpenbrei wie in der fünften Zufütterung. Den Welpenbrei nun einmalig am Morgen füttern. Alle Fleisch- wie auch Gemüsesorten können nun variabel eingesetzt werden. Calciumcitrat sollte von nun an ebenfalls in die Mahlzeit. Der Welpe wird also langsam an seine spätere Nahrung herangeführt. Mit Erreichen der zehnten Lebenswoche können Sie den Welpenbrei langsam ausschleichen und zur eigentlichen Welpenfütterung übergehen.

4.7 Fütterung für Welpen ab 10. Woche und Junghunde

Nach dem Prinzip des Futterplans für eine Woche können auch Welpen ab ca. der zehnten Lebenswoche und Junghunde gefüttert werden. Nur die Futtermengen und die Anzahl der Mahlzeiten – in diesem Fall ca. vier bis fünf Mahlzeiten pro Tag – sollten individuell angepasst werden.

Futtermenge

Welpen und Junghunde
Das **momentane** Gewicht des Welpen/Junghundes wird mit dem gleichen Gewicht eines erwachsenen Hundes verglichen.
Liegt das Gewicht noch unter 20 % des erwarteten Endgewichts, so wird mit 2 multipliziert.
Bei 40 bis 80 % des erwarteten Endgewichtes des Welpen/Junghundes wird mit 1,6 multipliziert.
Bei über 80 % des erwarteten Endgewichtes des Welpen/Junghundes wird mit 1,2 multipliziert.
Bitte stets das Gewicht kontrollieren und gegebenenfalls die Rationsmenge anpassen!

Eine Ausnahme bildet Calciumcitrat!
Diese Menge sollten Sie nicht aus dem Futterplan entnehmen, sondern aus der Tabelle von Seite 129.

Die Bedarfswerte ändern sich im Wachstum fortwährend, und die Ernährung muss immer wieder an den Nährstoffbedarf angepasst werden. Sie sollten sich idealerweise einen spezifischen Futterplan für Ihren Welpen/Junghund von einem Experten erstellen lassen, da es keine pauschale Formel zur Berechnung gibt.

4.8 Fütterung für Senioren

Auch Senioren können nach unserem Plan mit einer individuell angepassten Futtermenge gefüttert werden.
Die Fleischmenge sollte für Senioren reduziert werden. Zum Ausgleich erhalten sie etwas mehr Getreidebrei. Sehr gerne wird er mit Ziegenmilch in Kombination mit Getreide und/oder Obst aufgenommen. Manche Senioren mögen ihre Fleischmahlzeit nun auch gerne gegart.

4.9 Fütterung für Leistungshunde

Die Futtermenge wird gemäß Abschnitt 3.18, S. 119 berechnet und individuell angepasst.
Drei Stunden vor dem Sport sollte der Hund seine letzte Mahlzeit erhalten, damit er für die Aktion fit ist. Nach dem Sport sollten ebenfalls drei Stunden vergangen sein, bevor die nächste Mahlzeit angeboten wird. Diese sollte wieder um ca. 20 bis 30 % erhöht werden, bevor es die normale Menge des Erhaltungsstoffwechsels gibt.

Leistungssport

4.10 Fütterung bei Gelenkserkrankungen

Es gibt verschiedene Gelenkserkrankungen beim Hund, bei welchen die Ernährung besonders beachtet werden sollte.

Die Hüftgelenksdysplasie (kurz HD)
Sie ist eine Fehlbildung des Hüftgelenks, in deren Folge es zu schmerzhaften Veränderungen im Gelenk kommt. Die Anlage zur HD erbt der Hund von seinen Eltern. Falsche Ernährung und Haltung begünstigen u.a. die Entstehung und das Fortschreiten der Krankheit.

Die Ellbogendysplasie (kurz ED)
Sie entsteht aufgrund einer Entwicklungsstö-

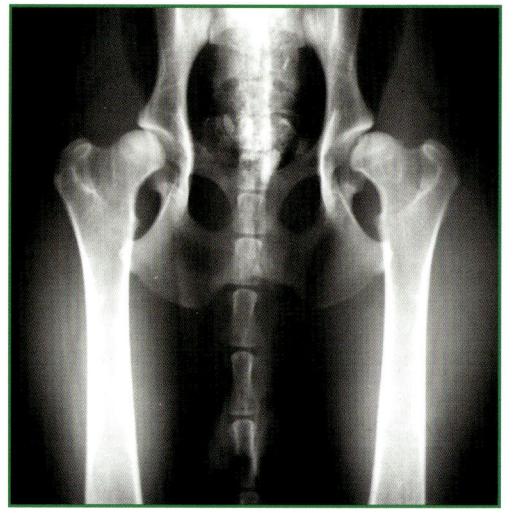

Gelenkserkrankungen

rung des Ellbogengelenks. Es ist wie HD eine Erbkrankheit, die über mehrere Gene vererbt wird.

Spondylose

Sie ist eine krankhafte Veränderung (Verkalkungen) der Wirbelsäule. Es kommt zu knöchernen Zubildungen an den Wirbelzwischenräumen, was zu einer Versteifung der Wirbelsäule führt.

Desweiteren muss unterschieden werden zwischen Arthrose, Arthritis und Polyarthritis. Unter Arthrose versteht man eine chronische Gelenkserkrankung, die nicht zu verwechseln ist mit der Arthritis. Arthrose bezeichnet einen Knorpelverschleiß.

Die Arthritis ist eine Gelenksentzündung. Eine Arthrose kann zu einer Arthritis führen, eine unbehandelte Arthritis führt zu noch schwerwiegenderen Arthrosen.

Polyarthritis ist eine chronische Entzündung an vielen Gelenken, also ein fortdauernder Entzündungsprozess.

Bei allen Gelenkserkrankungen sollte die Ernährung auf das Krankheitsbild abgestimmt werden.

HD-B und **ED Grad 1** sind normalerweise zunächst noch **keine** entzündlichen Gelenksprozesse **(Arthritis)**, sondern Knorpelverschleißerscheinungen **(Arthrose)**.

HD und ED sind nicht heilbar, aber das Krankheitsbild kann positiv beeinflusst werden, so dass die Erkrankung nicht so schnell fortschreitet oder sogar zum Stillstand kommt und sich nicht zu einer Arthritis ausweitet.

Bei **HD-B, HD-C** und **ED Grad 1 ohne** arthritischen Befund kann der Wochen-Futterplan verfüttert werden.

Ausnahme: Es sollten Pseudogetreide und glutenfreie Getreidesorten (Hirse, Wildreis, Sesam, Leinsamen) verfüttert werden.

An Nahrungsergänzungen täglich:

(in Absprache mit dem Tierarzt): Perna Caniculus und/oder MSM.

Bei **HD-D, HD-E, ED Grad 2** und **ED Grad 3** ist oftmals bereits eine Arthritis vorhanden. In diesem Fall füttern Sie nach unserem Futterplan, verwenden aber ausschließlich Pseudogetreide (Amaranth, Quinoa und Buchweizen).

An Nahrungsergänzungen täglich:

(in Absprache mit dem Tierarzt): Perna Caniculus, MSM und Teufelskralle.

Arachidonsäure spielt bei Arthritis und Polyarthritis eine besondere Rolle. Sie ist hauptsächlich in tierischen Nahrungsmitteln enthalten, hier überwiegend in rotem Fleisch z.B. Rind, Schaf, Pferd. Arachidonsäure fördert ohne den Gegenspieler Eicosapentaensäure Entzündungen. Unser Futterplan nimmt hierauf bereits Rücksicht. Zum einen kommen helle Fleischsorten vor (Fisch, Geflügel), zum anderen befindet sich in den Ölen die Omega-3-Fettsäure Eicosapentaensäure, die als Entzündungshemmer dient. Die Ölmengen aller Öle (außer Lebertran) sollten lediglich ein wenig nach oben angehoben werden.

So sollte auch bei **Spondylosen** und **Polyarthritis** gefüttert werden.

4.11 Fütterung bei Futtermittelallergie

Es gibt die unterschiedlichsten Allergien. Sie werden z.B. durch Parasiten wie Flöhe (oder durch Flohbisse), Milben, Herbstgrasmilben oder durch Nahrungsbestandteile ausgelöst. Die Liste der allergieauslösenden Substanzen kann dabei beliebig erweitert werden.

Symptome, die auf eine Allergie hinweisen können:
1. Vermehrtes Jucken oder Kratzen
2. Beknabbern und Bebeißen der Haut und Pfoten, sogar bis aufs Blut
3. Haarverlust
4. Die Ohren sondern ein übel riechendes Sekret aus, oft verbunden mit starkem Juckreiz in den Ohren
5. Die Kotbeschaffenheit ist oft breiig bis weich oder flüssig
6. Tränende Augen, oftmals verbunden mit Sekretabsonderungen

Zeigt der Hund diese Symptome, kann, begleitend neben einer tierärztlichen Behandlung, über eine Eleminationsdiät (Ausschlussdiät, kurz AD) nachgedacht werden.
In der tierärztlichen Behandlung ist in den meisten Fällen Cortison das erste Mittel der Wahl. Das ist wichtig z.B. für die Haut, da sie, als größtes Organ, zur Ruhe kommen muss. Nur leider bekämpft Cortison nicht die Ursache und die gilt es auf jeden Fall herauszufinden.
Unter einer AD kann geprüft werden, ob es sich um eine Nahrungsmittelunverträglichkeit handelt oder nicht. Sollte etwas gefunden werden, kann die allergieauslösende Substanz in der Mahlzeit dauerhaft weggelassen werden.
Zu Beginn wird ausschließlich eine Sorte Fleisch gefüttert, mit der der Hund noch nie in Berührung kam. In den meisten Fällen ist das Pferdefleisch, manchmal aber auch Lamm- oder Straußenfleisch.
In der AD können sich die Symptome zunächst verschlimmern, lassen aber langsam nach, wenn wirklich eine Nahrungsmittelunverträglichkeit vorliegt. Haben sich die Symptome nach zehn Wochen nicht deutlich verbessert, kann davon ausgegangen werden, dass keine Nahrungsmittelunverträglichkeit vorliegt, sondern eher eine Allergie die Ursache ist.

Ausschlussdiät mittels Pferdefleisch:
Schritt eins: Die ersten drei Tage ausschließlich gegarte, gestampfte Kartoffeln.

Schritt zwei: Acht bis zehn Wochen lang Pferdefleisch und gegarte, gestampfte Kartoffeln.

Schritt drei: Zehn Tage lang Rindfleisch und gegarte, gestampfte Kartoffeln.

Schritt vier: Zehn Tage lang Geflügel und gegarte, gestampfte Kartoffeln.

Schritt fünf: Zehn Tage lang Fisch und gegarte, gestampfte Kartoffeln.

Schritt sechs: Zehn Tage lang Milchprodukte und gegarte, gestampfte Kartoffeln.
(Die Mengen entnehmen Sie Kapitel 3.18.)

Wichtig ist **absolute Konsequenz!** Es dürfen keine sonstigen Nahrungsmittel, Nahrungsergänzungen oder menschliche Speisereste gefüttert werden.
Auch **keine Leckerlis** füttern, die nicht von der Fleischsorte stammen, die Sie gerade testen. Bei den Leckerlis gilt: ohne chemische Bestrahlung, Vergasung oder sonstige Konservierungsstoffe! Das gilt übrigens immer und für alle Hunde!
Sollten Allergiesymptome unter der AD erneut auftreten, z.B. wenn Sie gerade Rind testen, müssen Sie auf Pferdefleisch zurückgreifen, bis die Symptome wieder verschwunden sind. Danach können Sie die unverträgliche Sorte ausfiltern. Ein Fütterungstagebuch, das Sie selber erstellen können, hilft hier ungemein weiter.
Sollte Ihr Hund auf Geflügel allergisch reagieren, bedeutet es nicht zwangsläufig, dass er gegen Geflügel allergisch ist. Es ist in meiner Ernährungsbetreuung schon häufig vorge-

kommen, dass Hunde nicht gegen Geflügel selber, sondern auf Fisch allergisch reagieren. Häufig wird Geflügel mit Fischmehl gefüttert. Sollte Ihr Hund also auf Geflügel und Fisch allergisch reagieren, haben Sie noch die Möglichkeit, Geflügel aus Biohaltung zu testen. Dieses sollte (normalerweise) ohne Fischmehl gefüttert werden.

Wenn die oben genannten Eiweißträger getestet sind, können Sie mit den verträglichen Sorten nach und nach Öle, Gemüse, Salate usw. zufüttern und jeweils eine Woche lang weiter testen. Die unverträglichen Nahrungsmittel lassen Sie dann in Zukunft in der Hundemahlzeit aus.

4.12 Fütterung bei Durchfall und/oder Erbrechen

Bei leichten Unpässlichkeiten kann nach folgendem Rezept gefüttert werden:

Tag eins
Fasten. Wasser in kleinen Schlucken anbieten.

Tag zwei
Keinen Reis! Er entwässert bei Durchfall zusätzlich und reizt bei Erbrechen unnötig die Magenwände. Gegarter Haferschleim ist wesentlich besser geeignet. Er legt sich schützend auf die Magen-/Darmschleimhaut und wirkt Entzündungen entgegen.

Zubereitung Haferschleim:
Haferflocken, am besten feine, mit einem Schneebesen in **kaltes** Wasser einrühren, einmal aufkochen lassen und dann bei kleiner Hitze vor sich hinköcheln lassen, bis eine »schleimige« Konsistenz erreicht ist.

Haferschleim in vielen kleinen Portionen über den Tag verteilt füttern.
Je nach Befinden ein wenig gekochte, leicht verdauliche Hühnchenbrust in kleine Stücke zerteilt mitfüttern. Ebenfalls, je nach Befinden, den Haferschleim etwas salzen.
Wasser oder stark verdünnten Tee (Fenchel-, Schwarz- oder Pfefferminztee) geben.

Tag drei
Gegarter Haferschleim und gegarte Hähnchenbrust in mehreren kleineren Portionen über den Tag verteilt füttern. Je nach Befinden mehrere Teelöffel mageren Hüttenkäse untermischen.
Wasser oder stark verdünnten Tee geben.

Tag vier
Gegarter Haferschleim und gegarte Hähnchenbrust in mehreren Portionen über den Tag verteilt füttern. Mehrere Teelöffel Hüttenkäse untermischen. Gegarte und pürierte Möhren, mehrere Teelöffel, kommen nun ebenfalls hinzu.
Wasser oder stark verdünnten Tee geben.

Tag fünf
Langsam wieder an das normale Futter gewöhnen. Wasser anbieten.
Sollte sich der Durchfall oder das Erbrechen nach spätestens fünf Tagen nicht gebessert haben, muss Ihr Hund einem Tierarzt vorgestellt werden.
Gute Besserung!

Bitte beachten
Die **Behandlung** von Erkrankungen gehört generell in die Hände von Veterinärmedizinern oder naturheilkundlich arbeitenden Experten.

4.13 Fütterung im Urlaub

Ein großes Thema vieler Hundehalter ist die Frischfütterung im Urlaub. Ist das überhaupt möglich? Verdirbt nicht das Fleisch auf dem Transport? Reicht die Lagerkapazität am Urlaubsort aus? Was und wie machen bei Übernachtung im Hotel?

Dabei gibt es eine sinnvolle Alternative zur Frischfütterung im Urlaub: die Fleischdose. Zum einen braucht sich Ihr Hund, was seine Verdauung anbelangt, nicht umzustellen, denn in der Fleischdose ist lediglich gekochtes, statt rohes Fleisch, und zum anderen sind die Inhalte haltbar. Selbst in einem Hotelzimmer ist die Fütterung einer Fleischdose unproblematisch.

Fleischdosen, die als **»Einzelfuttermittel«** deklariert sind, benötigen noch Gemüse und/oder Getreide als Kohlenhydratquelle. Kurz eingeweichte Gemüse- oder Getreideflocken ergänzen die Fleischdose.

Alle anderen Nährstoffkomponenten, außer Öle und Calciumcitrat, können für den Urlaub, der ja meistens maximal drei Wochen dauert, ausgelassen werden, wenn Hunde gesund sind und die übrige Zeit ausgewogen ernährt werden.

Fleischdosen, die als »Alleinfuttermittel« deklariert sind, benötigen nichts weiter, da hier bereits alle Nährstoffkomponenten enthalten sind.

Zusammensetzung von Fleischdosen

So sollte es sein:

Fleisch: In der Zusammensetzung sollte die exakte Fleischbezeichnung definiert sein, z.B. garantiert nur Hühnerfleisch.

Urlaub

So sollte es nicht sein:

Fleisch und tierische Nebenerzeugnisse: Wenn nicht näher bezeichnet, sind tierische Nebenerzeugnisse alles vom Tierkörper oder Teile vom Tierkörper (z.B. Häute, Hufe, Blut, Federn, Klauen, Schnäbel, Mägen, Därme, Lunge, Sehnen, Knochen).

DL-Methionin/DL-Lysin: Chemisch hergestellte Aminosäuren, Hinweis auf sehr geringen Fleischanteil im Futter (oft auch in Trockenfutter enthalten)

»... davon mindestens 4 % Huhn«: Fraglicher Inhalt, wenn sich sonst, neben vielleicht nicht exakt deklarierten tierischen Nebenerzeugnissen, keine weiteren Informationen auf der Dose befinden.

Pflanzliche Nebenerzeugnisse: Sind z.B. Pressrückstände aus der Ölherstellung oder auch Soja. Soja ist kostengünstig und deshalb in vielen minderwertigen Tierfuttermitteln enthalten.

Zusatzstoffe

So sollte es sein:
Frei von Konservierungs-, Lock- und Aromastoffen.

Frei von pflanzlichen und tierischen Nebenerzeugnissen und Eiweißextrakten.

Keine aufgelisteten Vitamine oder Mineralstoffe, diese sind nämlich meistens bei Deklaration künstlich zugesetzt.

So sollte es nicht sein:

EG-, EWG-, EU-Zusatzstoffe = künstliche Konservierungsstoffe:

BHA, E320 = Butylhydroxyanisol. Es steht im Verdacht, Allergien auszulösen und reichert sich im Fettgewebe an.

BHT, E321 = Butylhydroxytoluol. Ebenfalls allergenes Potential, ferner im Verdacht, Krebserkrankungen zu begünstigen.

E310 = Prophylgallat

Im Falle von Konservierungsmitteln, Vitaminen oder Mineralstoffen kann es allerdings sein, dass die Rohstoffe bereits behandelt sind, was **der Hersteller nicht** deklarieren muss. Das betrifft aber hauptsächlich Trockenfutter. Das Gleiche gilt für die Bezeichnung: **Hühner-, Rind-, Fischfleischmehl:** Es handelt sich um **reines Fleisch**, das aber getrocknet und gemahlen wurde. Also die Fleischsorte steht immer **vor** der Bezeichnung »Fleischmehl«. Nicht zu verwechseln mit der alleinigen Bezeichnung: Fleischmehl.

In der Zusammensetzung sollte die exakte Fleischbezeichnung definiert sein. Außerdem sollte die Dose frei von Konservierungs-, Lock-, Aromastoffen, pflanzlichen, tierischen Nebenerzeugnissen und Eiweißextrakten sein.
Die Fleischdose sollte in keinem Fall folgende Deklaration aufweisen: DL-Methionin/DL-Lysin, BHA E320, BHT E321, E310.

4.14 Fütterung bei diversen Krankheitsbildern

Einige Themen sind noch nicht behandelt worden wie z.B. die Fütterung bei Herzleiden, Krebs, Epilepsie, Harnsteinen, Adipositas (Fettleibigkeit) oder Erkrankungen der Leber, Niere, Bauchspeicheldrüse. Die Ernährung muss in diesen Fällen nach einer eindeutigen Diagnose in Zusammenarbeit mit dem Tierarzt individuell auf den Patienten abgestimmt werden. Einige grundsätzliche Dinge kann der Hundehalter selber beachten. Die Mengenangaben in den genannten Rezepten beziehen sich dabei auf die Zusammensetzung der Nährstoffe und sind nicht auf das Gewicht des Hundes ausgelegt.

Ernährung bei Herzproblemen
100 g mageres Rindfleisch
50 g gegarte Hühnerbrust, ohne Haut und Fett
600 g mehligkochende Kartoffeln, ohne Salz
Zwei Esslöffel Hanföl
Zwei Esslöffel Weizenkleie

Ernährung bei Krebs
Krebszellen wachsen durch Kohlenhydrate und Zucker. Das bedeutet, dass auf jegliches Getreide, Gemüse (mit Ausnahme von Broccoli und Mangold), Früchte (mit Ausnahme von Himbeeren, Papaya, Ananas, Honig) und auf alle stärkehaltigen Nahrungsmittel wie Kartoffeln, Reis, Nudeln und auf Milchprodukte (mit Ausnahme von Hüttenkäse) unbedingt verzichtet werden muss.
Fett können Tumore schlecht verwerten und essentielle Fettsäuren sind geradezu giftig für Krebszellen.
20 % der Nahrung sollte aus hauptsächlich grünen Blattsalaten, aber auch Brokkoli und Mangold bestehen.

70 % der Nahrung sollte aus hellem Fleisch wie Geflügel, Kaninchen und Fisch, 10 % aus Hüttenkäse zusammen mit zwei Teelöffeln Leinöl oder zwei Teelöffeln Lachsöl (täglich wechseln) sein.

Ein Stück gegarte Leber, Nachtkerzenöl, Lebertran, gemahlene Hagebutte als Vitamin-C-Lieferant, MSM, Himbeeren, Papaya, Ananas sollten einmal wöchentlich gegeben werden.

Ernährung bei Epilepsie

Nicht auf dem Speiseplan stehen: Honig, Bierhefe, Ysop, Salbei, Fenchel und Rosmarin.

Die Getreidemengen sollten reduziert werden. Geeignet sind gemahlene Hagebutten, grüne Tonerde, Taurin (enthalten in Rinderherz).

Ernährung bei Harnsteinen

Steine oder Kristalle können sich als Folge einer Harnwegsinfektionen, ungeeigneter Fütterung über einen längeren Zeitraum oder aufgrund erblicher Veranlagung bilden. Ist der pH-Wert des Harnes zu basisch (pH $> 6,5$–$7,0$) können Struvitsteine entstehen. Ist der pH-Wert des Harnes zu sauer (pH $< 6,5$) ist die Bildung von Kalziumoxalatsteinen möglich.

Harnsteine müssen meist chirurgisch entfernt werden.

Da es sich hier um eine schmale Gratwanderung zwischen dem sauren und basischen pH-Wert des Harnes handelt, ist eine verallgemeinernde Rezeptur nicht möglich.

Die Ernährung bei Struvitsteinen muss reich an Kochsalz und arm an Phosphor und Magnesium sein. Die Diät sollte Stoffe enthalten, die den Harn ansäuern, wie z.B. gemahlene Hagebutten. Kohlenhydrate sollten reduziert werden, um den Harn eher sauer zu halten.

Die Ernährung bei Kalziumoxalatsteinen sollte in jedem Fall arm an Natrium sei.

In beiden Fällen ist auf die Zufütterung von Mineralstoff- oder Vitaminpräparaten zu verzichten!

Ernährung bei Adipositas (Fettleibigkeit)

Wichtig bei der Ernährung ist ein reduzierter Fettgehalt, um Kalorien zu sparen. Dabei darf allerdings nicht auf essentielle ungesättigte Fettsäuren verzichtet werden.

Des weiteren müssen Kohlenhydrate für einen konstanten Blutzuckerspiegel sorgen, um einer Leistungsminderung entgegenzuwirken.

Fütterungsempfehlung

700 g Lunge

100 g Hühnerbrust ohne Haut und Fett

100 g gekochter Vollkornreis

400 g gegartes, püriertes Gemüse

Zur Berechnung der Gesamtfuttermenge gemäß Tabelle S. 121 wählen Sie das momentane Gewicht Ihres Hundes, nicht das Wunschgewicht, und ziehen davon ca. 40 % ab.

Beispiel:

Ihr Hund wiegt momentan 45 kg. Das Ziel – Wunschgewicht – sind 30 kg. Sie wählen also die Gesamtfuttermenge aus der Tabelle S. 121 von 1080 g pro Tag (entspricht 45 kg) und ziehen 40 % ab. Es verbleiben 648 g. Runden wir es auf 650 g auf, das ist kein Problem. Nach drei bis vier Wochen kontrollieren Sie das Gewicht. Ihr Hund sollte ca. 1 % bis 1,5 % der Körpermasse pro Woche verlieren. Das sind in unserem Fall nach vier Wochen und 1,5 % Abnahme 42,3 kg erzieltes Gewicht. Sie können nun den Wert aus der Tabelle S. 121 von 40 kg wählen und ziehen wiederum 40 % ab. Das sind jetzt 576 g Gesamtfuttermenge pro Tag, runden wir wieder auf eine glatte Zahl = 580 g. Nach diesem Prinzip können Sie weiter verfahren, bis Ihr Hund das Wunschgewicht erreicht hat. Natürlich sind die hier genannten Werte nur Richtwerte und auch abhängig von der Geschwindigkeit der Abnahme. Diese sollte nicht übereilt werden, es sollten eher bedächtig die Pfunde purzeln.

Die Mahlzeiten verteilen auf drei bis vier Tagesrationen, um Hungergefühle und Betteln zu vermeiden. Und bitte keine Leckerlies füttern. Außerdem muss der Hund während der Diät tierärztlich überwacht werden!
Eine Diät allein bringt allerdings oftmals nicht den gewünschten Erfolg. Für ausreichende Bewegung ist zu sorgen. Steigern Sie langsam und konstant die Bewegung. Wenn Ihr Hund gerne schwimmt, ist das ein ideales Training.

Ernährung bei Lebererkrankung

3 Scheiben Weißbrot
2,5 Tassen gegarter Reis ohne Salz
1 Teelöffel Calciumcitrat
1 Ei, hart gekocht
250 g geschmortes Rinderhackfleisch

Ernährung bei Nierenerkrankung

1000 g gegartes, püriertes Gemüse
350 g rohes, mageres Fleisch (Rind, Huhn, Lamm, Fische oder eine Mischung davon)
50 g Tahina (Sesampaste)
80 g mageren Naturjoghurt
1 Ei, gekocht
1 Esslöffel Leinöl
50 g grüner Pansen

Ernährung bei Erkrankung der Bauchspeicheldrüse

Bei akuten Entzündungen der Bauchspeicheldrüse muss zunächst ein Futterentzug über mehrere Tage bis zu einer Woche erfolgen. Ein derart langes Fasten muss unter klinischer Aufsicht erfolgen. Auch das Trinkwasser muss häufig entzogen werden.
Bei **chronischen** Erkrankungen der Bauchspeicheldrüse kann einem Notfall-Rezept erfolgen:

400 g magere, gegarte Hühnerbrust, ohne Haut und Fett
400 g geschälter Reis
250 g Magerquark
3 Esslöffel gegarte Möhren
2 Esslöffel Hanföl
(Evtl. Enzymmischung z.B. Pancrex® nach tierärztlicher Verordnung)

Fit und vital durch Frische

Den Abschluss bildet mein Fitnessbrei. Dieser baut das Immunsystem auf, gibt in der Herbst-/Winterzeit genügend Abwehrstoffe gegen Nässe und Kälte, ist aber auch ideal als Frühjahrskur geeignet. Nach Krankheiten ist dieser Brei optimal, damit der Hund schnell wieder fit wird!

Achtung: Lesen Sie bitte die Zutaten und vergleichen diese mit den verschiedenen, hier aufgelisteten Krankheitsbildern! Sollte Ihrem Hund eine Zutat nicht gefüttert werden dürfen, lassen Sie diese entweder weg oder verzichten gänzlich auf den Fitnessbrei.
Bei Allergieverdacht gegen Gräser könnten Hunde auf die Bienen-Blütenpollen reagieren!

Fitnessbrei Zutaten:

1 Teelöffel Bienen-Blütenpollen (ganz)
1 Teelöffel gemahlene Eierschalen
1 rohes Hühnereigelb
1 Teelöffel Seealgenmehl (Ascophyllum Nodosum)
1 Teelöffel Honig, kalt geschleudert
1 Teelöffel Sahne
1 Teelöffel Leinöl
1 Teelöffel Apfelessig
Bis zu 250 g Quark, 20 % oder 40 % Fettstufe

Zubereitung:

Alle Zutaten in einen Mixer geben oder mit der Hand verrühren. Die Eierschalen gut mit dem Mörser oder Fleischklopfer verstoßen!
So bleibt nun nur noch zu sagen: »Guten Appetit – zum Wohle unserer Hunde!«

Abschließende Worte

Meiner Familie sage ich vielen Dank.

Den größten Dank möchte ich aber meinem Mann, Joachim Balzer, aussprechen. Seine Ermutigungen und auch praktische Unterstützung trug zur Entstehung dieses Buches wesentlich bei. Er hat mir den Rücken freigehalten und oft auch Zuspruch erteilt, damit es überhaupt entstehen konnte.

Als nächstes möchte ich unserer verstorbenen Hündin Gracy danken, sie verhalf mir zu meiner Lebensaufgabe, Hunde gesund und artgerecht zu ernähren. Die immer wiederkehrende Freude des Hundes bei der Zubereitung der Mahlzeiten, ihre Ausgeglichenheit und Vitalität, die aus der Frischfütterung resultierten, überhaupt das Erleben artgerecht ernährter Hunde, all das hat mir Gracy erst ermöglicht. Sie hat mich auf den richtigen Weg gebracht.

Neben Gracy möchte ich auch Mikel, unserem weiteren treuen vierbeinigen Begleiter, einen großen Dank aussprechen. Er hat den mit Gracy begonnenen Weg mit beschritten, mit dem wesentlichen Resultat, dass ich seit Jahren die Frischfütterung an unzählige Hunde weitergeben durfte.

Martina Balzer mit Gracy, Mikel und Jule

Quellennachweis

[1] Dr. med. vet. Dorit Urd Feddersen-Petersen: Ausdrucksverhalten beim Hund. Kosmos Verlag, Stuttgart, 2008
[2] H. Okarma 1997: S. 50 und dort zitierte Literatur
[3] Helmut Meyer, Jürgen Zentek: Ernährung des Hundes, Parey Verlag, Stuttgart, 2005
[4] Masaru Emoto, Jürgen Fliege: Die Heilkraft des Wassers, Koha, 2004
[5] em. Univ. Prof. Dr. Dr. h.c.mult. Josef Leibetseder Institut für Ernährung der Veterinärmedizinischen Universität Wien

Bildnachweis:

Stichwortverzeichnis